建设工程识图精讲 100 例系列

结构工程识图精讲 100 例

郭 闯 主编

中国计划出版社

图书在版编目（CIP）数据

结构工程识图精讲100例/郭闯主编. —北京：中
国计划出版社，2016.1
（建设工程识图精讲100例系列）
ISBN 978-7-5182-0318-5

Ⅰ. ①结… Ⅱ. ①郭… Ⅲ. ①建筑结构－建筑制图－
识别Ⅳ. ①TU318

中国版本图书馆CIP数据核字（2015）第273607号

建设工程识图精讲100例系列

结构工程识图精讲100例

郭　闯　主编

中国计划出版社出版
网址：www.jhpress.com
地址：北京市西城区木樨地北里甲11号国宏大厦C座3层
邮政编码：100038　电话：（010）63906433（发行部）
新华书店北京发行所发行
北京天宇星印刷厂印刷

787mm×1092mm　1/16　11.25印张　271千字
2016年1月第1版　2016年1月第1次印刷
印数1—3000册

ISBN 978-7-5182-0318-5
定价：32.00元

结构工程识图精讲 100 例
编写组

主　编　郭　闯
参　编　蒋传龙　王　帅　张　进　褚丽丽
　　　　周　默　杨　柳　孙德弟　崔玉辉
　　　　宋立音　刘美玲　张红金　赵子仪
　　　　许　洁　徐书婧　左丹丹　李　杨

前　言

　　结构是房屋中承受房屋重量、保证房屋安全的构件，组成结构的墙、梁、板、柱等称为构件。建筑施工图表达了建筑物的外形、内部布置、建筑构造和内外装修等，而建筑物的各承重构件的布置、结构构造等内容并没有清楚地表达。所以还必须对建筑物进行结构设计，绘出结构施工图，才能指导施工，以确保建筑物的安全性。随着我国建筑业的蓬勃发展，对结构行业设计人员、施工人员以及工程管理人员的识图要求也越来越高。如何提高结构行业从业人员的专业素质，是我们迫切需要解决的问题。因此，我们组织编写了这本书。

　　本书根据《房屋建筑制图统一标准》GB/T 50001—2010、《总图制图标准》GB/T 50103—2010、《建筑结构制图标准》GB/T 50105—2010 等标准编写，主要包括结构制图基本规定、结构施工图识读内容与方法、结构识图实例。本书采取先基础知识、后实例讲解的方法，具有逻辑性、系统性强、内容简明实用、重点突出等特点。本书可供结构工程设计、施工等相关技术及管理人员使用，也可供结构工程相关专业的大中专院校师生学习参考使用。

　　本书在编写过程中参阅和借鉴了许多优秀书籍、专著和有关文献资料，并得到了有关领导和专家的帮助，在此一并致谢。由于作者的学识和经验所限，虽然编者尽心尽力。但是书中仍难免存在疏漏或未尽之处，敬请有关专家和读者予以批评指正。

编　者

2015 年 10 月

目　录

1　结构制图基本规定 …………………………………………………………（1）

　1.1　基本规定 …………………………………………………………………（1）

　　1.1.1　图线与比例 …………………………………………………………（1）

　　1.1.2　常用构件代号 ………………………………………………………（2）

　　1.1.3　文字注写构件表示方法 ……………………………………………（5）

　1.2　混凝土结构表示方法 ……………………………………………………（7）

　　1.2.1　钢筋的一般表示方法 ………………………………………………（7）

　　1.2.2　钢筋的简化表示方法 ………………………………………………（12）

　　1.2.3　预埋件、预留孔洞的表示方法 ……………………………………（12）

　1.3　钢结构表示方法 …………………………………………………………（15）

　　1.3.1　常用型钢的标注方法 ………………………………………………（15）

　　1.3.2　螺栓、孔、电焊铆钉的表示方法 …………………………………（17）

　　1.3.3　常用焊缝的表示方法 ………………………………………………（18）

　　1.3.4　钢结构焊接接头坡口形式 …………………………………………（23）

　　1.3.5　尺寸标注 ……………………………………………………………（41）

　1.4　木结构表示方法 …………………………………………………………（43）

　　1.4.1　常用木构件断面的表示方法 ………………………………………（43）

　　1.4.2　木构件连接的表示方法 ……………………………………………（44）

2　结构施工图识读内容与方法 ………………………………………………（46）

　2.1　钢筋混凝土结构 …………………………………………………………（46）

　　2.1.1　识读内容 ……………………………………………………………（46）

　　2.1.2　识读方法 ……………………………………………………………（49）

　2.2　钢结构 ……………………………………………………………………（50）

　　2.2.1　识读内容 ……………………………………………………………（51）

　　2.2.2　识读方法 ……………………………………………………………（52）

　2.3　砌体结构 …………………………………………………………………（57）

　　2.3.1　识读内容 ……………………………………………………………（57）

　　2.3.2　识读方法 ……………………………………………………………（61）

3　结构识图实例 ………………………………………………………………（63）

　3.1　钢筋混凝土结构施工图识读实例 ………………………………………（63）

　　实例1：某建筑独立基础平面图识读 ……………………………………（63）

　　实例2：某建筑独立基础详图识读 ………………………………………（64）

实例3：某建筑独立基础平法施工图识读 ……………………………………（65）

实例4：某建筑条形基础平面图识读 …………………………………………（65）

实例5：某建筑条形基础详图识读 ……………………………………………（67）

实例6：某建筑条形基础平法施工图识读 ……………………………………（68）

实例7：柱下条形基础平面布置图识读 ………………………………………（69）

实例8：柱下条形基础详图识读 ………………………………………………（70）

实例9：墙下混凝土条形基础布置平面图识读 ………………………………（71）

实例10：墙下条形基础详图识读 ……………………………………………（72）

实例11：某建筑筏形基础平面图识读 ………………………………………（74）

实例12：某建筑筏形基础详图识读 …………………………………………（75）

实例13：某建筑梁板式筏形基础主梁平法施工图识读 ……………………（76）

实例14：某建筑梁板式筏形基础平板平法施工图识读 ……………………（77）

实例15：桩位布置平面图识读 ………………………………………………（78）

实例16：承台平面布置图和承台详图识读 …………………………………（80）

实例17：楼梯结构平面图识读（一）…………………………………………（83）

实例18：楼梯结构平面图识读（二）…………………………………………（84）

实例19：楼梯结构剖面图识读（一）…………………………………………（85）

实例20：楼梯结构剖面图识读（二）…………………………………………（86）

实例21：楼梯梯段板配筋图识读 ……………………………………………（87）

实例22：钢筋混凝土梁配筋图识读（一）……………………………………（88）

实例23：钢筋混凝土梁配筋图识读（二）……………………………………（89）

实例24：柱平法施工图识读（列表注写方式）………………………………（91）

实例25：柱平法施工图识读（截面注写方式）………………………………（91）

实例26：钢筋混凝土柱构件详图识读 ………………………………………（94）

实例27：某剪力墙平法施工图识读 …………………………………………（94）

实例28：钢筋混凝土现浇板配筋图识读 ……………………………………（96）

实例29：某住宅楼现浇楼板楼层结构平面图识读 …………………………（96）

实例30：某住宅楼预制楼板楼层结构平面图识读 …………………………（99）

实例31：主楼标准层结构平面图识读 ………………………………………（100）

实例32：主楼桩位平面布置图识读 …………………………………………（101）

实例33：高层建筑立面图识读 ………………………………………………（102）

实例34：高层建筑剖面图识读 ………………………………………………（103）

实例35：某商住楼基础结构平面图识读 ……………………………………（104）

实例36：某别墅住宅基础平面图识读 ………………………………………（106）

实例37：某别墅住宅结构布置平面图识读 …………………………………（106）

实例38：某住宅楼二楼楼层结构平面布置图识读 …………………………（109）

实例39：三层顶结构平面布置图识读 ………………………………………（110）

实例40：栏杆扶手转折处理构造图识读 ……………………………………（110）

实例41：地下室框架柱及墙体配筋图识读 …………………………………（112）

实例42：地下室底板平面图识读 ………………………………………（114）

实例43：基础底板配筋平面图识读 ………………………………………（115）

实例44：槽形板结构图识读 ………………………………………………（117）

实例45：烟囱外形图识读 …………………………………………………（117）

实例46：烟囱基础图识读 …………………………………………………（119）

实例47：烟囱局部详图识读 ………………………………………………（120）

实例48：水塔立面图识读 …………………………………………………（120）

实例49：钢筋混凝土水塔基础图识读 ……………………………………（121）

实例50：某水塔休息平台详图识读 ………………………………………（122）

实例51：水塔水箱配筋图识读 ……………………………………………（123）

实例52：水塔支架构造图识读 ……………………………………………（124）

实例53：蓄水池竖向剖面图识读 …………………………………………（124）

实例54：水池顶、顶板配筋图识读 ………………………………………（125）

实例55：料仓立面及剖面图识读 …………………………………………（126）

实例56：筒仓底部出料漏斗构造图识读 …………………………………（126）

实例57：某筒仓顶板配筋及构造图识读 …………………………………（127）

3.2 钢结构施工图识读实例 ………………………………………………（128）

实例58：钢结构立面布置图识读 …………………………………………（128）

实例59：屋架结构图识读 …………………………………………………（131）

实例60：钢屋架结构简图及详图识读 ……………………………………（133）

实例61：屋架简图中下弦节点详图识读 …………………………………（134）

实例62：屋面次构件平面布置图识读 ……………………………………（134）

实例63：某厂房钢屋架结构详图识读 ……………………………………（137）

实例64：钢屋架节点图识读 ………………………………………………（137）

实例65：单层门式刚架厂房一层平面图识读 ……………………………（139）

实例66：单层门式刚架厂房屋顶平面图识读 ……………………………（139）

实例67：单层门式刚架厂房①～⑧立面图识读 …………………………（142）

实例68：单层门式刚架厂房1－1剖面图识读 …………………………（142）

实例69：地脚螺栓布置图识读 ……………………………………………（142）

实例70：刚架（GJ－1）详图识读 ………………………………………（146）

实例71：屋面支撑布置图识读 ……………………………………………（146）

实例72：屋面檩条布置图识读 ……………………………………………（149）

实例73：屋面拉条布置图识读 ……………………………………………（149）

实例74：柱间支撑布置图识读 ……………………………………………（149）

实例75：网架螺栓球图识读 ………………………………………………（149）

实例76：埋入式刚性柱脚详图识读 ………………………………………（153）

实例77：钢结构厂房锚栓平面布置图识读 ………………………………（153）

实例78：钢梁与混凝土墙的连接详图识读 ………………………………（155）

实例79：铰接柱脚详图识读 ………………………………………………（155）

实例 80：某柱脚的节点大样图及透视图识读 ………………………………… （156）

实例 81：角钢支撑节点详图识读 ………………………………… （157）

实例 82：檩条布置图识读 ………………………………… （157）

实例 83：钢柱拼装施工图识读 ………………………………… （162）

3.3 砌体结构施工图识读实例 ………………………………… （162）

实例 84：砖基础详图识读 ………………………………… （162）

实例 85：黏土砖规格识读 ………………………………… （163）

实例 86：钢筋砖过梁图识读 ………………………………… （164）

实例 87：圈梁在墙中的位置图识读 ………………………………… （164）

实例 88：加气混凝土隔墙结构图识读 ………………………………… （165）

实例 89：附加圈梁图识读 ………………………………… （166）

实例 90：构造柱结构图识读 ………………………………… （166）

实例 91：板式楼梯详图识读 ………………………………… （167）

参考文献 ………………………………… （170）

1 结构制图基本规定

1.1 基本规定

1.1.1 图线与比例

1）图线宽度 b 应按现行国际标准《房屋建筑制图统一标准》GB/T 50001—2010 中的有关规定选用。

2）每个图样应根据复杂程度与比例大小，先选用适当基本线宽度 b，再选用相应的线宽。根据表达内容的层次，基本线宽 b 和线宽比可适当的增加或减少。

3）建筑结构专业制图应选用表 1-1 所示的图线。

表 1-1 图　　线

名称		线型	线宽	一　般　用　途
实线	粗	——	b	螺栓、钢筋线、结构平面图中的单线结构构件线，钢木支撑及系杆线，图名下横线、剖切线
	中粗	——	$0.7b$	结构平面图及详图中剖到或可见的墙身轮廓线、基础轮廓线、钢、木结构轮廓线、钢筋线
	中	——	$0.5b$	结构平面图及详图中剖到或可见的墙身轮廓线、基础轮廓线、可见的钢筋混凝土构件轮廓线、钢筋线
	细	——	$0.25b$	标注引出线、标高符号线、索引符号线、尺寸线
虚线	粗	- - - -	b	不可见的钢筋线、螺栓线、结构平面图中不可见的单线结构构件线及钢、木支撑线
	中粗	- - - -	$0.7b$	结构平面图中的不可见构件、墙身轮廓线及不可见的钢、木结构构件线、不可见的钢筋线
	中	- - - -	$0.5b$	结构平面图中的不可见的构件、墙身轮廓线及不可见的钢、木结构构件线、不可见的钢筋线
	细	- - - -	$0.25b$	基础平面图中的管沟轮廓线、不可见的钢筋混凝土构件轮廓线

续表1-1

名称		线型	线宽	一般用途
单点长画线	粗	▄▄ · ▄▄ · ▄▄	b	柱间支撑、垂直支撑、设备基础轴线图中的中心线
	细	 — · — · —	$0.25b$	定位轴线、对称线、中心线、重心线
双点长画线	粗	▄▄ ·· ▄▄ ·· ▄▄	b	预应力钢筋线
	细	 — ·· — ·· —	$0.25b$	原有结构轮廓线
折断线		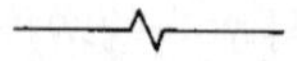 —√—	$0.25b$	断开界线
波浪线		 ～～～	$0.25b$	断开界线

4）在同一张图纸中，相同比例的各图样，应选用相同的线宽组。

5）绘图时根据图样的用途、被绘物体的复杂程度，应选用表1-2中的常用比例，特殊情况下也可选用可用比例。

表1-2 比 例

图名	常用比例	可用比例
结构平面图 基础平面图	1:50，1:100，1:150	1:60，1:200
圈梁平面图、总图中管沟、地下设施等	1:200，1:500	1:300
详图	1:10，1:20，1:50	1:5，1:30，1:25

6）当构件的纵、横向断面尺寸相差悬殊时，可在同一详图中的纵、横向选用不同的比例绘制。轴线尺寸与构件尺寸也可选用不同的比例绘制。

1.1.2 常用构件代号

常用构件代号见表1-3。

表1-3 常用构件代号

序号	名 称	代 号
1	板	B
2	屋面板	WB
3	空心板	KB
4	槽形板	CB

续表 1-3

序号	名　称	代　号
5	折板	ZB
6	密肋板	MB
7	楼梯板	TB
8	盖板或沟盖板	GB
9	挡雨板或檐口板	YB
10	吊车安全走道板	DB
11	墙板	QB
12	天沟板	TGB
13	梁	L
14	屋面梁	WL
15	吊车梁	DL
16	单轨吊车梁	DDL
17	轨道连接	GDL
18	车挡	CD
19	圈梁	QL
20	过梁	GL
21	连系梁	LL
22	基础梁	JL
23	楼梯梁	TL
24	框架梁	KL
25	框支梁	KZL
26	屋面框架梁	WKL
27	檩条	LT
28	屋架	WJ
29	托架	TJ

续表1-3

序号	名　称	代　号
30	天窗架	CJ
31	框架	KJ
32	刚架	GJ
33	支架	ZJ
34	柱	Z
35	框架柱	KZ
36	构造柱	GZ
37	承台	CT
38	设备基础	SJ
39	桩	ZH
40	挡土墙	DQ
41	地沟	DG
42	柱间支撑	ZC
43	垂直支撑	CC
44	水平支撑	SC
45	梯	T
46	雨篷	YP
47	阳台	YT
48	梁垫	LD
49	预埋件	M—
50	天窗端壁	TD
51	钢筋网	W
52	钢筋骨架	G
53	基础	J
54	暗柱	AZ

注：1. 预制混凝土构件、现浇混凝土构件、钢构件和木构件，一般可以采用本表中的构件代号。在绘图中，除混凝土构件可以不注明材料代号外，其他材料的构件可在构件代号前加注材料代号，并在图纸中加以说明。

2. 预应力混凝土构件的代号，应在构件代号前加注"Y"，如Y-DL表示预应力混凝土吊车梁。

1.1.3 文字注写构件表示方法

1）当采用标准、通用图集中的构件时，应用该图集中的规定代号或型号注写。

2）结构平面图应按图1-1、图1-2的规定采用正投影法绘制，特殊情况下也可采用仰视投影绘制。

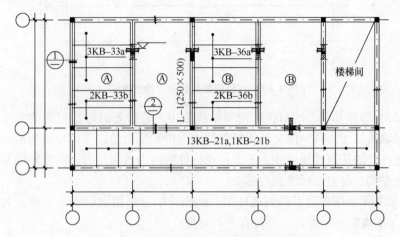

图1-1 用正投影法绘制预制楼板结构平面图

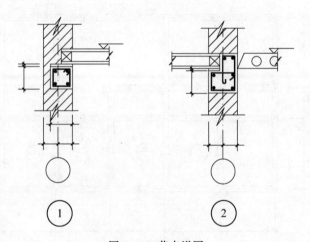

图1-2 节点详图

3）在结构平面图中，构件应采用轮廓线表示，当能用单线表示清楚时，也可用单线表示。定位轴线应与建筑平面图或总平面图一致，并标注结构标高。

4）在结构平面图中，当若干部分相同时，可只绘制一部分，并用大写的拉丁字母（A、B、C……）外加细实线圆圈表示相同部分的分类符号。分类符号圆圈直径为8mm或10mm。其他相同部分仅标注分类符号。

5）桁架式结构的几何尺寸图可用单线图表示。杆件的轴线长度尺寸应标注在构件的上方（图1-3）。

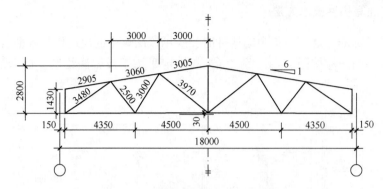

图1-3 对称桁架几何尺寸标注方法

6）在杆件布置和受力均对称的桁架单线图中，若需要时可在桁架的左半部分标注杆件的几何轴线尺寸，右半部分标注杆件的内力值和反力值；非对称的桁架单线图，可在上方标注杆件的几何轴线尺寸，下方标注杆件的内力值和反力值。竖杆的几何轴线尺寸可标注在左侧，内力值标注在右侧。

7）在结构平面图中索引的剖视详图、断面详图应采用索引符号表示，其编号顺序宜按图1-4的规定进行编排，并符合下列规定：

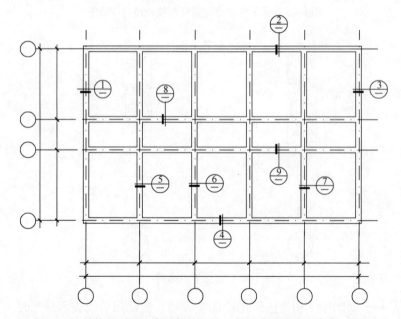

图1-4 结构平面图中索引剖视详图、断面详图编号顺序表示方法

①外墙按顺时针方向从左下角开始编号。

②内横墙从左至右，从上至下编号。

③内纵墙从上至下，从左至右编号。

8）在结构平面图中的索引位置处，粗实线表示剖切位置，引出线所在一侧应为投射方向。

9）索引符号应由细实线绘制的直径为8~10mm的圆和水平直径线组成。

10）被索引出的详图应以详图符号表示，详图符号的圆应以直径为 14mm 的粗实线绘制。圆内的直径线为细实线。

11）被索引的图样与索引位置在同一张图纸内时，应按图 1-5 的规定进行编排。

12）详图与被索引的图样不在同一张图纸内时，应按图 1-6 的规定进行编排，索引符号和详图符号内的上半圆中注明详图编号，在下半圆中注明被索引的图纸编号。

图 1-5 被索引图样在同一张图纸内的表示方法

图 1-6 详图和被索引图样不在同一张图纸内的表示方法

13）构件详图的纵向较长、重复较多时，可用折断线断开，适当省略重复部分。

14）图样的图名和标题栏内的图名应能准确表达图样、图纸构成的内容，做到简练、明确。

15）图纸上所有的文字、数字和符号等，应字体端正、排列整齐、清楚正确，避免重叠。

16）图样及说明中的汉字宜采用长仿宋体，图样下的文字高度不宜小于 5mm，说明中的文字高度不宜小于 3mm。

17）拉丁字母、阿拉伯数字、罗马数字的高度，不应小于 2.5mm。

1.2 混凝土结构表示方法

1.2.1 钢筋的一般表示方法

1）普通钢筋的一般表示方法见表 1-4。

表 1-4 普通钢筋的一般表示方法

序号	名 称	图 例	说 明
1	钢筋横断面	●	—
2	无弯钩的钢筋端部		下图表示长、短钢筋投影重叠时，短钢筋的端部用 45°斜划线表示
3	带半圆形弯钩的钢筋端部		—
4	带直钩的钢筋端部		—
5	带螺纹的钢筋端部		—

续表 1 - 4

序号	名 称	图 例	说 明
6	无弯钩的钢筋搭接		—
7	带半圆弯钩的钢筋搭接		—
8	带直钩的钢筋搭接		—
9	花篮螺丝钢筋接头	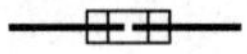	—
10	机械连接的钢筋接头		用文字说明机械连接的方式（或冷挤压或锥螺纹等）

2）预应力钢筋的表示方法见表 1 - 5。

表 1 - 5　预应力钢筋的表示方法

序号	名 称	图 例
1	预应力钢筋或钢绞线	
2	后张法预应力钢筋断面 无粘结预应力钢筋断面	$\oplus$
3	预应力钢筋断面	$+$
4	张拉端锚具	
5	固定端锚具	
6	锚具的端视图	 $\oplus$
7	可动连接件	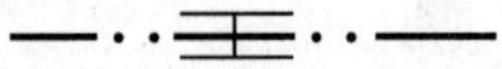
8	固定连接件	

3）钢筋网片的表示方法见表 1 - 6。

表 1 - 6　钢筋网片的表示方法

序号	名 称	图 例
1	一片钢筋网平面图	 W-1
2	一行相同的钢筋网平面图	 3W-1

注：用文字注明焊接网或绑扎网片。

4）钢筋焊接接头的表示方法见表1-7。

表1-7　钢筋的焊接接头的表示方法

序号	名　称	接头型式	标注方法
1	单面焊接的钢筋接头	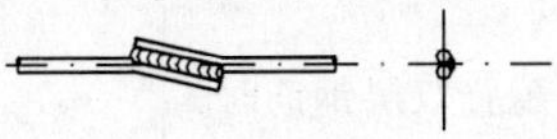	
2	双面焊接的钢筋接头	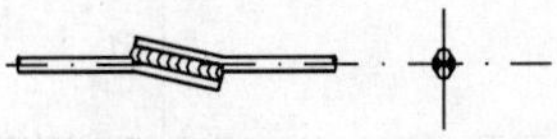	
3	用帮条单面焊接的钢筋接头	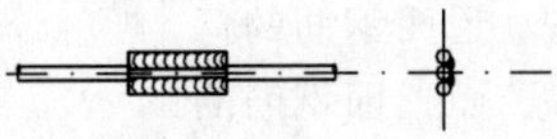	
4	用帮条双面焊接的钢筋接头	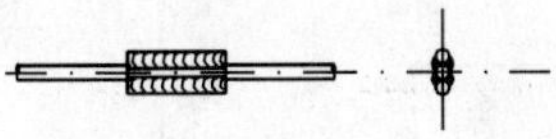	
5	接触对焊的钢筋接头（闪光焊、压力焊）	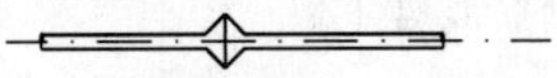	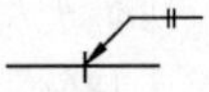
6	坡口平焊的钢筋接头	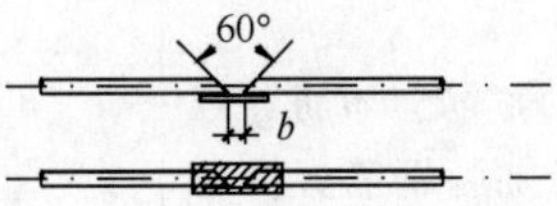	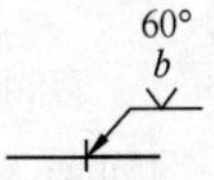
7	坡口立焊的钢筋接头	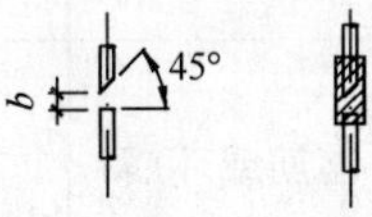	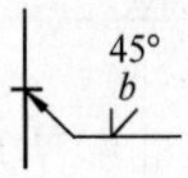
8	用角钢或扁钢做连接板焊接的钢筋接头	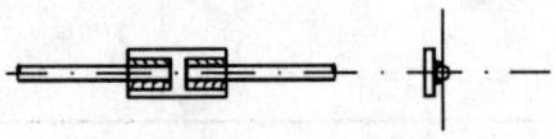	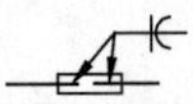
9	钢筋或螺（锚）栓与钢板穿孔塞焊的接头	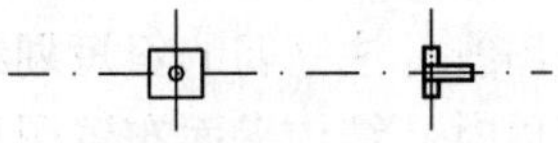	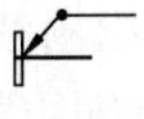

5）钢筋的画法见表1-8。

表1-8　钢筋画法

序号	说　明	图　例
1	在结构楼板中配置双层钢筋时，底层钢筋的弯钩应向上或向左，顶层钢筋的弯钩则向下或向右	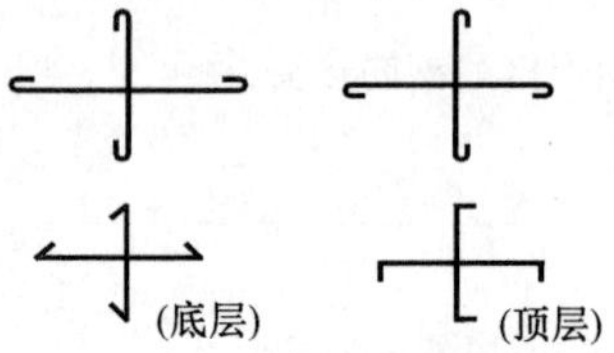 （底层）　（顶层）
2	钢筋混凝土墙体配双层钢筋时，在配筋立面图中，远面钢筋的弯钩应向上或向左，而近面钢筋的弯钩向下或向右（JM近面，YM远面）	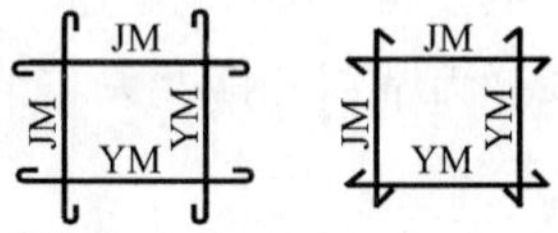
3	若在断面图中不能表达清楚的钢筋布置，应在断面图外增加钢筋大样图（如钢筋混凝土墙、楼梯等）	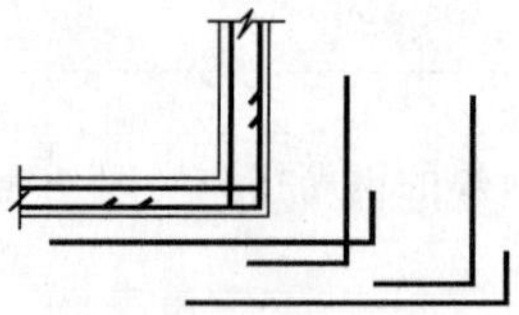
4	图中所表示的箍筋、环筋等若布置复杂时，可加画钢筋大样及说明	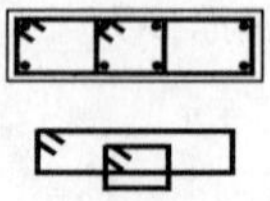
5	每组相同的钢筋、箍筋或环筋，可用一根粗实线表示，同时用一两端带斜短划线的横穿细线，表示其钢筋及起止范围	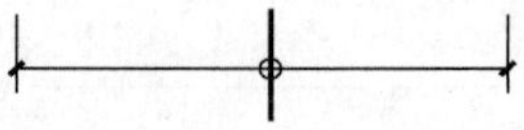

6）钢筋在平面、立面、剖（断）面中的表示方法应符合下列规定：

①钢筋在平面图中的配置应按图1-7所示的方法表示。当钢筋标注的位置不够时，可采用引出线标注。引出线标注钢筋的斜短划线应为中实线或细实线。

②当构件布置较简单时，结构平面布置图可与板配筋平面图合并绘制。

③平面图中的钢筋配置较复杂时，可按表1-6及图1-8的方法绘制。

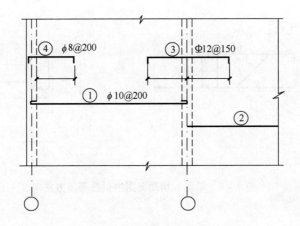

图 1 – 7   钢筋在楼板配筋图中的表示方法

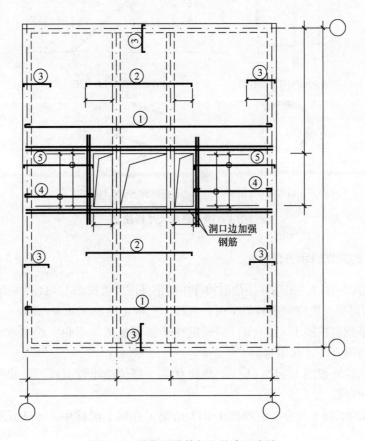

洞口边加强钢筋

图 1 – 8   楼板配筋较复杂的表示方法

④钢筋在梁纵、横断面图中的配置，应按图 1 – 9 所示的方法表示。

⑤构件配筋图中箍筋的长度尺寸，应指箍筋的里皮尺寸。弯起钢筋的高度尺寸应指钢筋的外皮尺寸（图 1 – 10）。

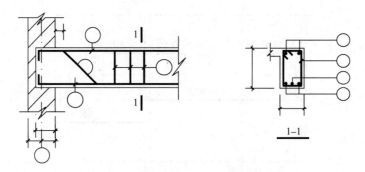

图1-9 梁纵、横断面图中钢筋表示方法

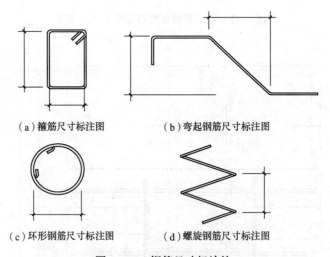

（a）箍筋尺寸标注图 （b）弯起钢筋尺寸标注图

（c）环形钢筋尺寸标注图 （d）螺旋钢筋尺寸标注图

图1-10 钢箍尺寸标注法

1.2.2 钢筋的简化表示方法

1）当构件对称时，采用详图绘制构件中的钢筋网片可按图1-11的一半或1/4表示。

2）钢筋混凝土构件配筋较简单时，宜按下列规定绘制配筋平面图：

①独立基础宜按图1-12（a）的规定在平面模板图左下角，绘出波浪线，绘出钢筋并标注钢筋的直径、间距等。

②其他构件宜按图1-12（b）的规定在某一部位绘出波浪线，绘出钢筋并标注钢筋的直径、间距等。

3）对称的混凝土构件，宜按图1-13的规定在同一图样中一半表示模板，另一半表示配筋。

1.2.3 预埋件、预留孔洞的表示方法

1）在混凝土构件上设置预埋件时，可按图1-14的规定在平面图或立面图上表示。引出线指向预埋件，并标注预埋件的代号。

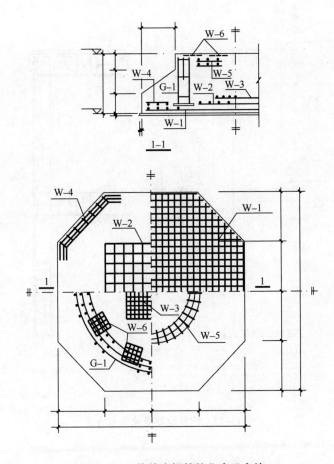

图1-11　构件中钢筋简化表示方法

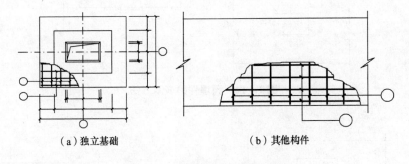

（a）独立基础　　　　　　（b）其他构件

图1-12　构件配筋简化表示方法

　　2）在混凝土构件的正、反面同一位置均设置相同的预埋件时，可按图1-15的规定引出线为一条实线和一条虚线并指向预埋件，同时在引出横线上标注预埋件的数量及代号。

　　3）在混凝土构件的正、反面同一位置设置编号不同的预埋件时，可按图1-16的规定引一条实线和一条虚线并指向预埋件。引出横线上标注正面预埋件代号，引出横线下标注反面预埋件代号。

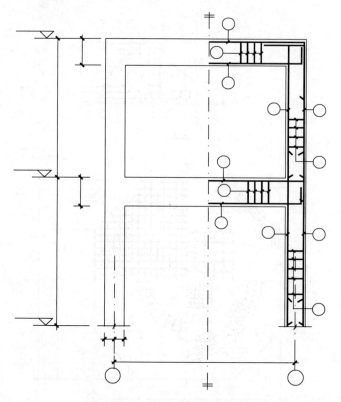

图 1-13　构件配筋简化表示方法

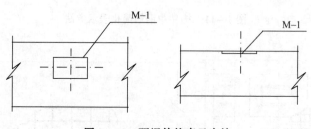

图 1-14　预埋件的表示方法

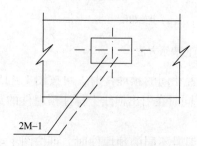

图 1-15　同一位置正、反面预埋件
相同的表示方法

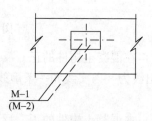

图 1-16　同一位置正、反面预埋件
不相同的表示方法

4）在构件上设置预留孔、洞或预埋套管时，可按图 1 –17 的规定在平面或断面图中表示。引出线指向预留（埋）位置，引出横线上方标注预留孔、洞的尺寸，预埋套管的外径。横线下方标注孔、洞（套管）的中心标高或底标高。

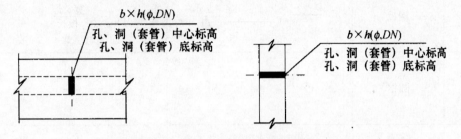

图 1 –17　预留孔、洞及预埋套管的表示方法

1.3　钢结构表示方法

1.3.1　常用型钢的标注方法

常用型钢的标注方法见表 1 –9。

表 1 –9　常用型钢的标注方法

序号	名称	截面	标注	说　　明
1	等边角钢	L	$L_{b \times t}$	b 为肢宽 t 为肢厚
2	不等边角钢	B L	$L_{B \times b \times t}$	B 为长肢宽 b 为短肢宽 t 为肢厚
3	工字钢	I	I_N　$Q I_N$	轻型工字钢加注 Q 字
4	槽钢	[	$[_N$　$Q[_N$	轻型槽钢加注 Q 字
5	方钢	b	□ b	—
6	扁钢	b	— $b \times t$	—

续表 1-9

序号	名称	截面	标注	说明
7	钢板	——	$-\dfrac{-b \times t}{L}$	$\dfrac{宽 \times 厚}{板长}$
8	圆钢	⊘	ϕd	—
9	钢管	○	$\phi d \times t$	d 为外径 t 为壁厚
10	薄壁方钢管	□	B □ $b \times t$	
11	薄臂等肢角钢	∟	B ∟ $b \times t$	
12	薄壁等肢卷边角钢		B $b \times a \times t$	
13	薄壁槽钢		B $h \times b \times t$	薄壁型钢加注 B 字 t 为壁厚
14	薄壁卷边槽钢		B $h \times b \times a \times t$	
15	薄壁卷边 Z 型钢		B $h \times b \times a \times t$	
16	T 型钢	⊤	TW × × TM × × TN × ×	TW 为宽翼缘 T 型钢； TM 为中翼缘 T 型钢； TN 为窄翼缘 T 型钢

续表 1 – 9

序号	名称	截面	标注	说　明
17	H 型钢	H	HW×× HM×× HN××	HW 为宽翼缘 H 型钢； HM 为中翼缘 H 型钢； HN 为窄翼缘 H 型钢
18	起重机钢轨	⊥	⊥ QU××	详细说明产品规格型号
19	轻轨及钢轨	⊥	⊥ ××kg/m 钢轨	

1.3.2　螺栓、孔、电焊铆钉的表示方法

螺栓、孔、电焊铆钉的表示方法应符合表 1 – 10 中的规定。

表 1 – 10　螺栓、孔、电焊铆钉的表示方法

序号	名称	图　例	说　明
1	永久螺栓	$\frac{M}{\phi}$	
2	高强螺栓	$\frac{M}{\phi}$	
3	安装螺栓	$\frac{M}{\phi}$	1. 细"+"线表示定位线； 2. M 表示螺栓型号； 3. ϕ 表示螺栓孔直径； 4. d 表示膨胀螺栓、电焊铆钉直径； 5. 采用引出线标注螺栓时，横线上标注螺栓规格，横线下标注螺栓孔直径
4	膨胀螺栓	d	
5	圆形螺栓孔	ϕ	
6	长圆形螺栓孔	ϕ b	
7	电焊铆钉	d	

1.3.3 常用焊缝的表示方法

1）焊接钢构件的焊缝除应按现行国家标准《焊缝符号表示法》GB 324—2008 有关规定执行外，还应符合本部分的各项规定。

2）单面焊缝的标注方法应符合下列规定：

①当箭头指向焊缝所在的一面时，应将图形符号和尺寸标注在横线的上方〔图1-18（a）〕。当箭头指向焊缝所在另一面（相对应的那面）时，应按图1-18（b）的规定执行，将图形符号和尺寸标注在横线的下方。

②表示环绕工作件周围的焊缝时，应按图1-18（c）的规定执行，其围焊焊缝符号为圆圈，绘在引出线的转折处，并标注焊角尺寸 K。

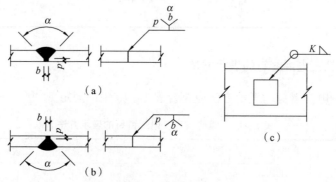

图1-18　单面焊缝的标注方法

3）双面焊缝的标注，应在横线的上、下都标注符号和尺寸。上方表示箭头一面的符号和尺寸，下方表示另一面的符号和尺寸〔图1-19（a）〕；当两面的焊缝尺寸相同时，只需在横线上方标注焊缝的符号和尺寸〔图1-19（b）、（c）、（d）〕。

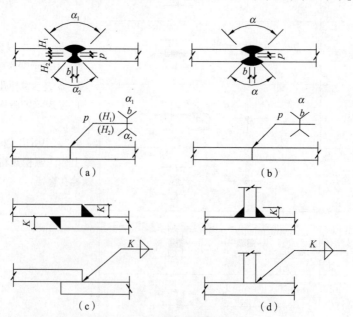

图1-19　双面焊缝的标注方法

4）3 个和 3 个以上的焊件相互焊接的焊缝，不得作为双面焊缝标注。其焊缝符号和尺寸应分别标注（图 1 - 20）。

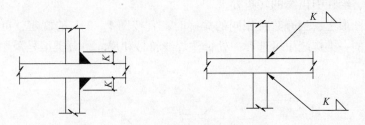

图 1 - 20　3 个以上焊件的焊缝标注方法

5）相互焊接的两个焊件中，当只有一个焊件带坡口时（如单面 V 形），引出线箭头必须指向带坡口的焊件（图 1 - 21）。

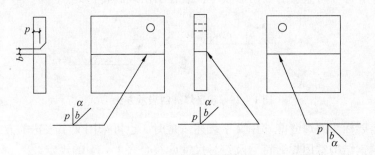

图 1 - 21　一个焊件带坡口的焊缝标注方法

6）相互焊接的 2 个焊件，当为单面带双边不对称坡口焊缝时，应按图 1 - 22 的规定，引出线箭头应指向较大坡口的焊件。

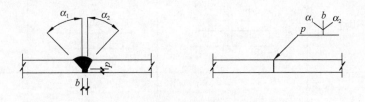

图 1 - 22　不对称坡口焊缝的标注方法

7）当焊缝分布不规则时，在标注焊缝符号的同时，可按图 1 - 23 的规定，宜在焊缝处加中实线（表示可见焊缝），或加细栅线（表示不可见焊缝）。

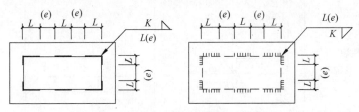

图 1 - 23　不规则焊缝的标注方法

8）相同焊缝符号应按下列方法表示：

①在同一图形上，当焊缝形式、断面尺寸和辅助要求均相同时，应按图1－24（a）的规定，可只选择一处标注焊缝的符号和尺寸，并加注"相同焊缝符号"，相同焊缝符号为3/4圆弧，绘在引出线的转折处。

②在同一图形上，当有数种相同的焊缝时，宜按图1－24b的规定，可将焊缝分类编号标注。在同一类焊缝中可选择一处标注焊缝符号和尺寸。分类编号采用大写的拉丁字母A、B、C。

（a）　　　　　　　　　　　（b）

图1－24　相同焊缝的标注方法

9）需要在施工现场进行焊接的焊件焊缝，应按图1－25的规定标注"现场焊缝"符号。现场焊缝符号为涂黑的三角形旗号，绘在引出线的转折处。

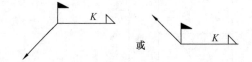

或

图1－25　现场焊缝的表示方法

10）当需要标注的焊缝能够用文字表述清楚时，也可采用文字表达的方式。

11）建筑钢结构常用焊缝符号及符号尺寸应符合表1－11的规定。

表1－11　建筑钢结构常用焊缝符号及符号尺寸

序号	焊缝名称	形　式	标注法	符号尺寸（mm）
1	V形焊缝	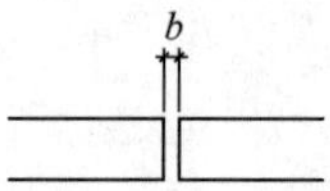 b	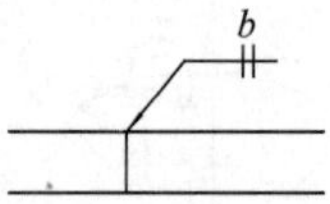 b	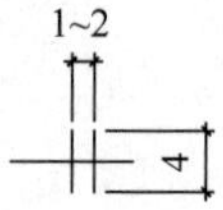 1~2 / 4
2	单边V形焊缝	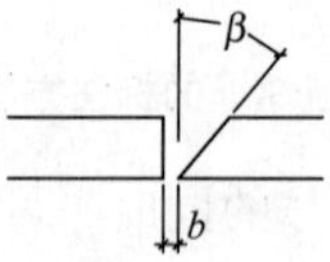 β / b	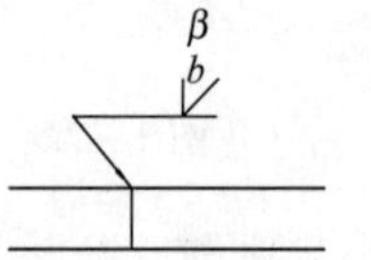 β / b 注：箭头指向剖口	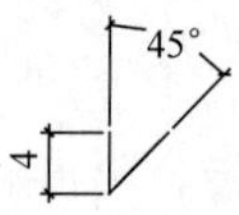 45° / 4
3	带钝边单边V形焊缝	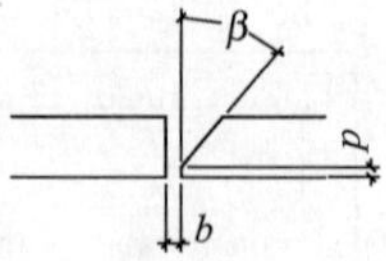 β / b / p	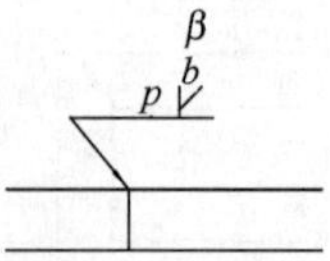 β / b / p	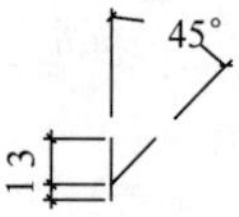 45° / 13

续表 1－11

序号	焊缝名称	形　式	标注法	符号尺寸（mm）
4	带垫板带钝边单边 V 形焊缝	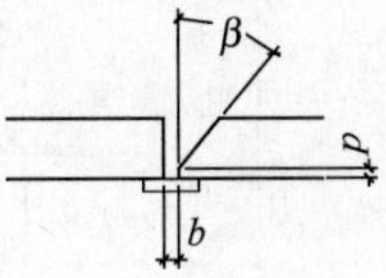	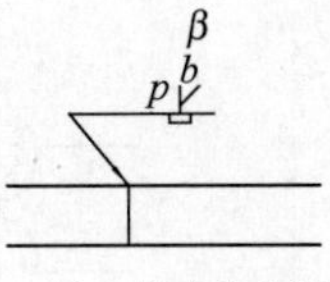 注：箭头指向剖口	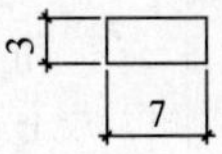
5	带垫板 V 形焊缝	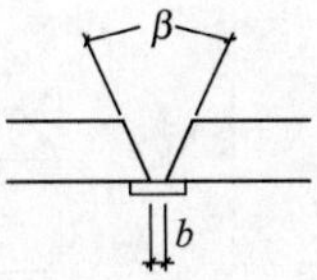	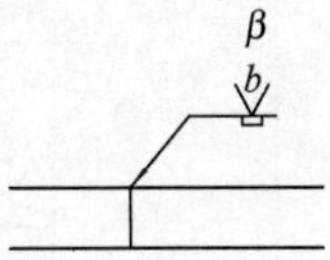	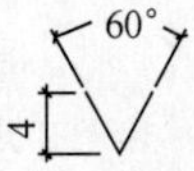
6	Y 形焊缝	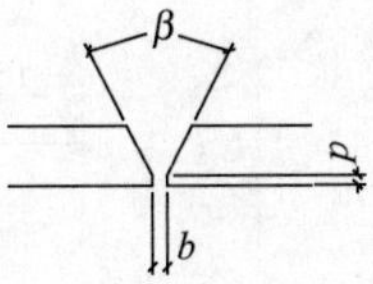	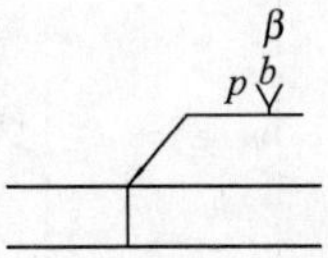	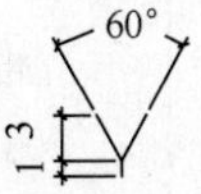
7	带垫板 Y 形焊缝	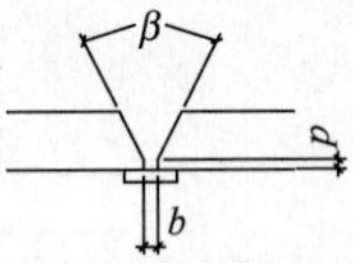	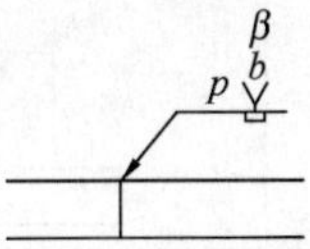	—
8	双单边 V 形焊缝	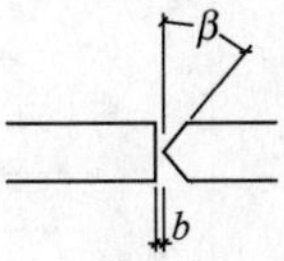	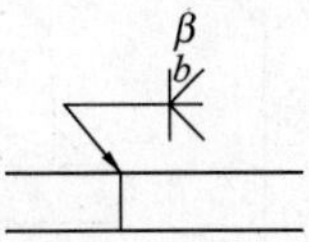	—
9	双 V 形焊缝	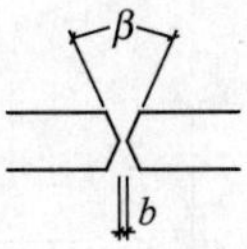	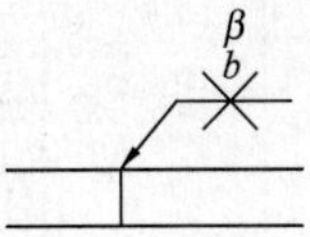	—
10	带钝边 U 形焊缝	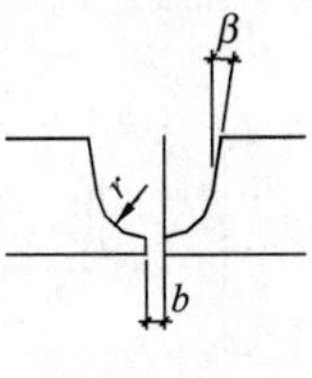	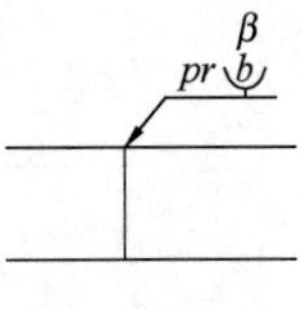	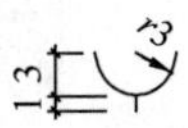

续表1-11

序号	焊缝名称	形 式	标注法	符号尺寸（mm）
11	带钝边双U形焊缝	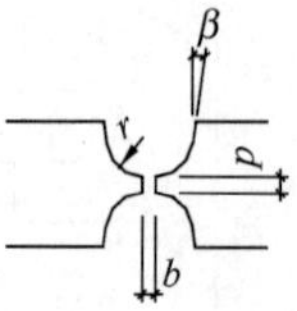	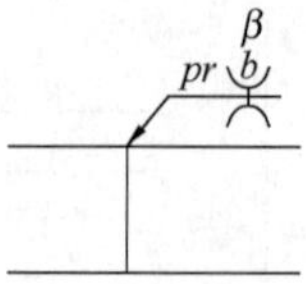	—
12	带钝边J形焊缝	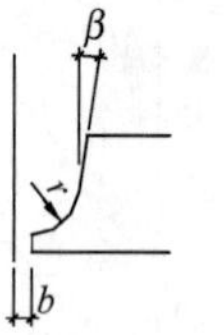	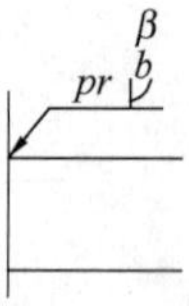	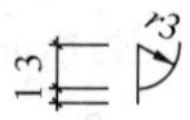
13	带钝边双J形焊缝	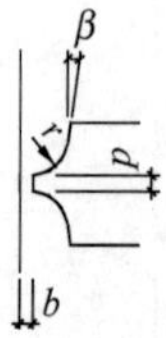	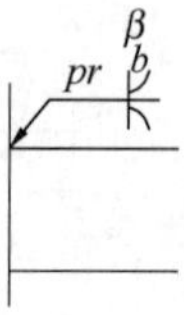	—
14	角焊缝	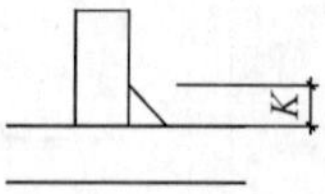	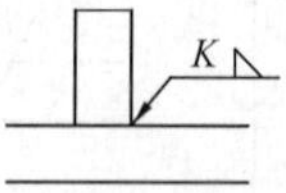	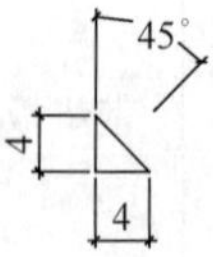
15	双面角焊缝	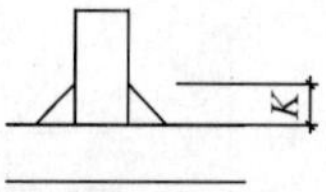	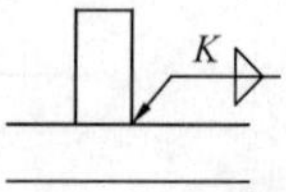	—
16	剖口角焊缝	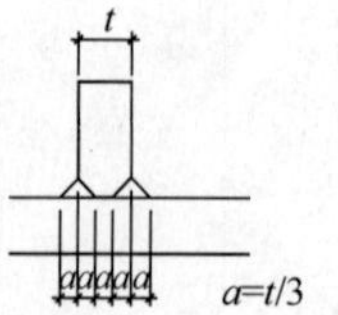	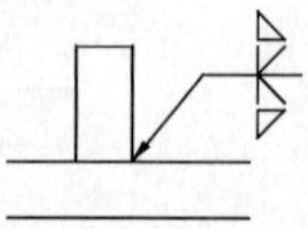	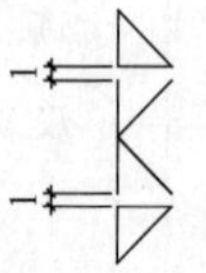
17	喇叭形焊缝	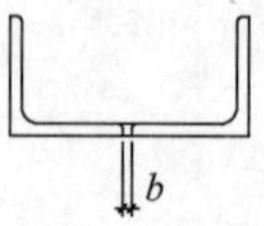	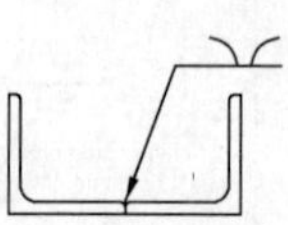	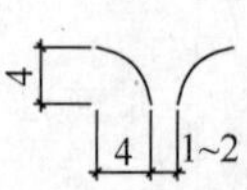

续表 1-11

序号	焊缝名称	形 式	标注法	符号尺寸（mm）
18	双面半喇叭形焊缝			
19	塞焊			

1.3.4 钢结构焊接接头坡口形式

1）各种焊接方法及接头坡口形式尺寸代号和标记应符合下列规定：

①焊接焊透种类代号应符合表 1-12 的规定。

表 1-12　焊接焊透种类代号

代　号	焊接方法	焊透种类
MC	焊条电弧焊	完全焊透
MP		部分焊透
GC	气体保护电弧焊	完全焊透
GP	药芯焊丝自我保焊	部分焊透
SC	埋弧焊	完全焊透
SP		部分焊透
SL	电渣焊	完全焊透

②单、双面焊接及衬垫种类代号应符合表 1-13 的规定。

表 1-13　单、双面焊接及衬垫种类代号

反面衬垫种类		单、双面焊接	
代号	使用材料	代号	单、双焊接面规定
BS	钢衬垫	1	单面焊接
BF	其他材料的衬垫	2	双面焊接

③坡口各部分尺寸代号应符合表1-14的规定。

表1-14 坡口各部分的尺寸代号

代 号	代表的坡口各部分尺寸
t	接缝部位的板厚（mm）
b	坡口根部间隙或部件间隙（mm）
h	坡口深度（mm）
p	坡口钝边（mm）
α	坡口角度（°）

④焊接接头坡口形式和尺寸的标记应符合下列规定：

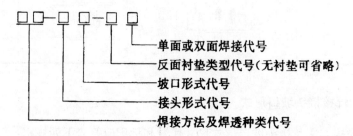

- 单面或双面焊接代号
- 反面衬垫类型代号（无衬垫可省略）
- 坡口形式代号
- 接头形式代号
- 焊接方法及焊透种类代号

标记示例：焊条电弧焊、完全焊透、对接、I形坡口、背面加钢衬垫的单面焊接接头表示为 MC-BI-B_s1。

2）焊条电弧焊全焊透坡口形式和尺寸宜符合表1-15的要求。

表1-15 焊条电弧焊全焊透坡口形式和尺寸

序号	标记	坡口形状示意图	板厚 t（mm）	焊接位置	坡口尺寸（mm）	备注
1	MC-BI-2		3~6	F, H, V, O	$b = \dfrac{t}{2}$	清根
	MC-TI-2					
	MC-CI-2					

续表 1 – 15

序号	标记	坡口形状示意图	板厚 t（mm）	焊接位置	坡口尺寸（mm）			备注
2	MC – BI – B1		3 ~ 6	F, H, V, O	$b = t$			
	MC – CI – B1							
3	MC – BV – 2		≥6	F, H, V, O	$b = 0 \sim 3$ $p = 0 \sim 3$ $\alpha_1 = 60°$			清根
	MC – CV – 2							
4	MC – BV – B1		≥6	F, H, V, O	b	α_1		
					6	45°		
					10	30°		
				F, V, O	13	20°		
					$p = 0 \sim 2$			
	MC – CV – B1		≥12	F, H, V, O	b	α_1		
					6	45°		
					10	30°		
				F, V, O	13	20°		
					$p = 0 \sim 2$			

续表 1－15

序号	标记	坡口形状示意图	板厚 t (mm)	焊接位置	坡口尺寸 (mm)		备注
5	MC－BL－2						
	MC－TL－2		$\geqslant 6$	F，H，V，O	$b = 0 \sim 3$ $p = 0 \sim 3$ $\alpha_1 = 45°$		清根
	MC－CL－2						
6	MC－BL－B1			F，H，V，O	b	α_1	
	MC－TL－B1		$\geqslant 6$	F，H，V，O （F，V，O）	6 (10)	45° (30°)	
	MC－CL－B1			F，H，V，O （F，V，O）	$p = 0 \sim 2$		
7	MC－BX－2		$\geqslant 16$	F，H，V，O	$b = 0 \sim 3$ $H_1 = 2/3 \ (t-p)$ $p = 0 \sim 3$ $H_2 = \dfrac{1}{3} \ (t-p)$ $\alpha_1 = 15°$ $\alpha_2 = 60°$		清根

续表 1 – 15

序号	标记	坡口形状示意图	板厚 t（mm）	焊接位置	坡口尺寸（mm）	备注
8	MC – BK – 2		≥16	F，H，V，O	$b = 0 \sim 3$ $H_1 = \dfrac{2}{3}(t-p)$ $p = 0 \sim 3$ $H_2 = \dfrac{1}{3}(t-p)$ $\alpha_1 = 45°$ $\alpha_2 = 60°$	清根
	MC – TK – 2					
	MC – CK – 2					

3）气体保护焊、自保护焊全焊透坡口形式和尺寸宜符合表 1 – 16 的要求。

表 1 – 16　气体保护焊、自保护焊全焊透坡口形式和尺寸

序号	标记	坡口形状示意图	板厚 t（mm）	焊接位置	坡口尺寸（mm）	备注
1	GC – BI – 2		3 ~ 8	F，H，V，O	$b = 0 \sim 3$	清根
	GC – TI – 2					
	GC – CI – 2					

续表 1-16

序号	标记	坡口形状示意图	板厚 t （mm）	焊接位置	坡口尺寸 （mm）		备注
2	GC – BI – B1	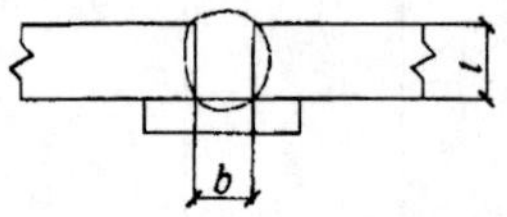	6～10	F，H，V，O	$b = t$		
	GC – CI – B1						
3	GC – BV – 2	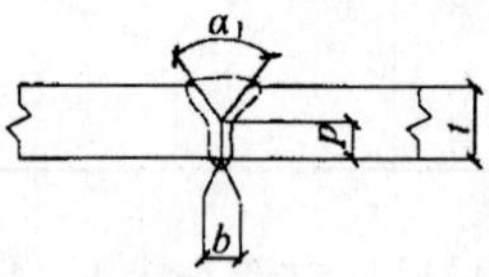	≥6	F，H，V，O	$b = 0～3$ $p = 0～3$ $\alpha_1 = 60°$		清根
	GC – CV – 2						
4	GC – BV – B1	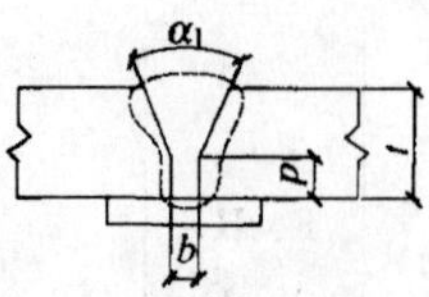	≥6	F，V，O	b	α_1	
					6	45°	
					10	30°	
	GC – CV – B1	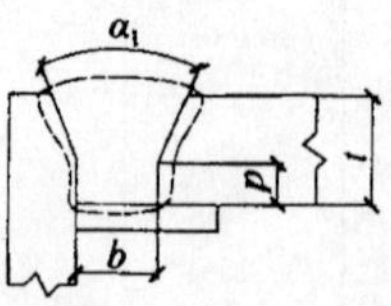	≥12		$p = 0～2$		

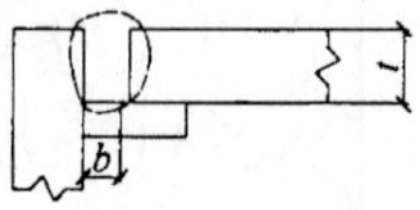

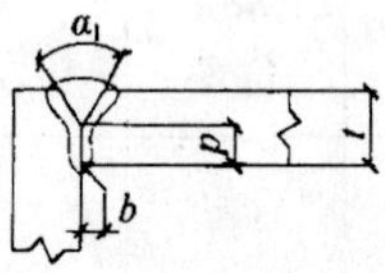

续表 1－16

序号	标记	坡口形状示意图	板厚 t（mm）	焊接位置	坡口尺寸（mm）		备注
5	GC－BL－2		≥6	F，H，V，O	$b=0\sim3$ $p=0\sim3$ $\alpha_1=45°$		清根
	GC－TL－2						
	GC－CL－2						
6	GC－BL－B1		≥6	F，H，V，O	b	α_1	
					6	45°	
					（F）	（10）　（30°）	
	GC－TL－B1				$p=0\sim2$		
	GC－CL－B1						
7	GC－BX－2		≥16	F，H，V，O	$b=0\sim3$ $H_1=\dfrac{2}{3}(t-p)$ $p=0\sim3$ $H_2=\dfrac{1}{3}(t-p)$ $\alpha_1=45°$ $\alpha_2=60°$		清根

续表 1－16

序号	标记	坡口形状示意图	板厚 t（mm）	焊接位置	坡口尺寸（mm）	备注
8	GC－BK－2	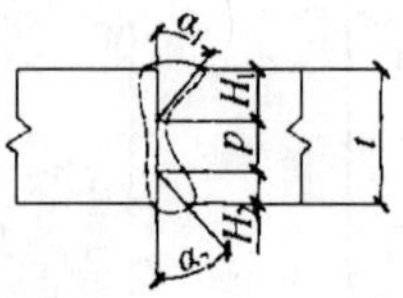	≥16	F，H，V，O	$b = 0 \sim 3$ $H_1 = \dfrac{2}{3}(t-p)$ $p = 0 \sim 3$ $H_2 = \dfrac{1}{3}(t-p)$ $\alpha_1 = 45°$ $\alpha_2 = 60°$	清根
	GC－TK－2	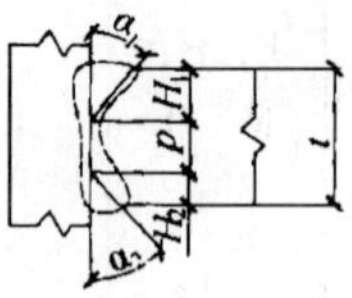				
	GC－CK－2	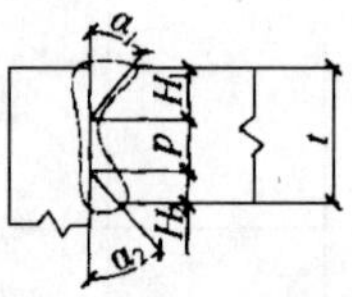				

4）埋弧焊全焊透坡口形式和尺寸宜符合表 1－17 要求。

表 1－17　埋弧焊全焊透坡口形式和尺寸

序号	标记	坡口形状示意图	板厚 t（mm）	焊接位置	坡口尺寸（mm）	备注
1	SC－BI－2	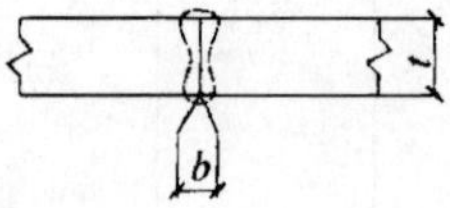	6～12	F		
	SC－TI－2	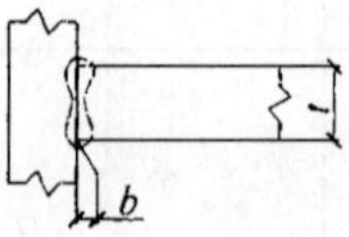	6～10	F	$b = 0$	清根
	SC－CI－2	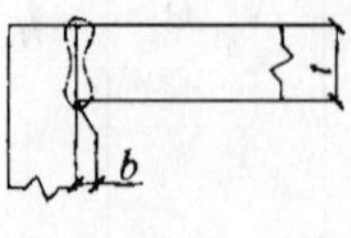		F		

续表 1－17

序号	标记	坡口形状示意图	板厚 t （mm）	焊接位置	坡口尺寸 （mm）	备注
2	SC－BI－B1	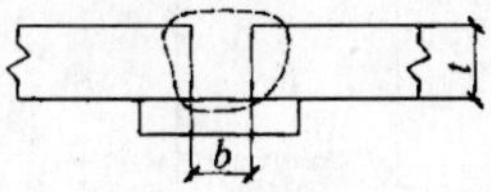	6～10	F	$b = t$	
	SC－CI－B1	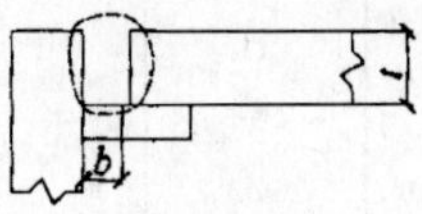				
3	SC－BV－2	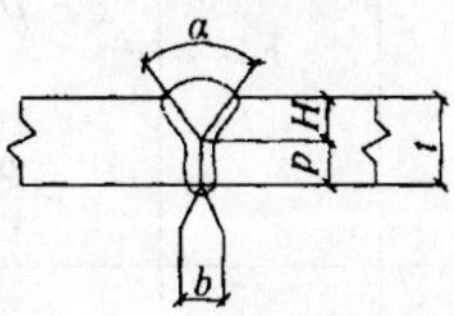	≥12	F	$b = 0$ $H_1 = t - p$ $p = 6$ $\alpha_1 = 60°$	清根
	SC－CV－2	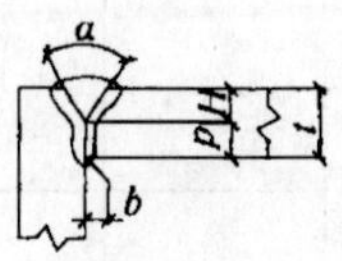	≥10	F	$b = 0$ $p = 6$ $\alpha_1 = 60°$	
4	SC－BV－B1	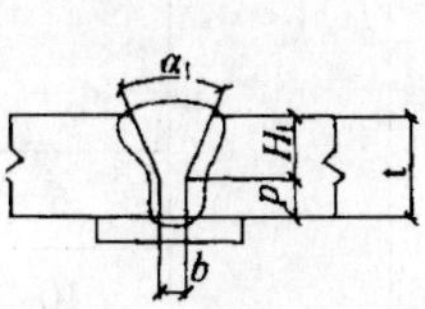	≥10	F	$b = 8$ $H_1 = t - p$ $p = 2$ $\alpha_1 = 30°$	
	SC－CV－B1	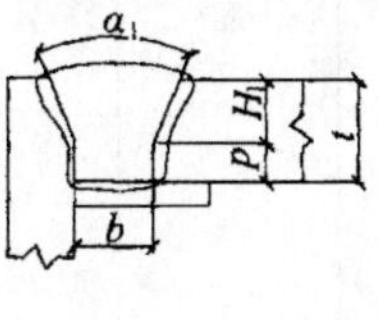				

续表 1 –17

序号	标记	坡口形状示意图	板厚 t（mm）	焊接位置	坡口尺寸（mm）		备注
5	SC – BL – 2		≥12	F	$b = 0$ $H_1 = t - p$ $p = 6$ $\alpha_1 = 55°$		清根
			≥10	H			
	SC – TL – 2		≥8	F	$b = 0$ $H_1 = t - p$ $p = 6$ $\alpha_1 = 60°$		清根
	SC – CL – 2		≥8	F	$b = 0$ $H_1 = t - p$ $p = 6$ $\alpha_1 = 55°$		
6	SC – BL – B1		≥10	F	b	α_1	
	SC – TL – B1				6	45°	
					10	30°	
	SC – CL – B1				$p = 2$		

续表 1-17

序号	标记	坡口形状示意图	板厚 t（mm）	焊接位置	坡口尺寸（mm）	备注
7	SC-BX-2		≥20	F	$b=0$ $H_1=\dfrac{2}{3}(t-p)$ $p=6$ $H_2=\dfrac{1}{3}(t-p)$ $\alpha_1=45°$ $\alpha_2=60°$	清根
	SC-BK-2		≥20	F	$b=0$ $H_1=\dfrac{2}{3}(t-p)$ $p=5$ $H_2=\dfrac{1}{3}(t-p)$ $\alpha_1=45°$ $\alpha_2=60°$	
			≥12	H		
8	SC-TK-2		≥20	F	$b=0$ $H_1=\dfrac{2}{3}(t-p)$ $p=5$ $H_2=\dfrac{1}{3}(t-p)$ $\alpha_1=45°$ $\alpha_2=60°$	清根
	SC-CK-2		≥20	F	$b=0$ $H_1=\dfrac{2}{3}(t-p)$ $p=5$ $H_2=\dfrac{1}{3}(t-p)$ $\alpha_1=45°$ $\alpha_2=60°$	

5）焊条电弧焊部分焊透坡口形式和尺寸宜符合表1-18的要求。

表1-18 焊条电弧焊部分焊透坡口形式和尺寸

序号	标记	坡口形状示意图	板厚 t （mm）	焊接位置	坡口尺寸 （mm）	备注
1	MP-BI-1		3~6	F, H, V, O	$b=0$	
	MP-CI-1					
2	MP-BI-2		3~6	F, H, V, O	$b=0$	
	MP-CI-2		6~10	F, H, V, O	$b=0$	
3	MP-BV-1		≥6	F, H, V, O	$b=0$ $H_1 \geqslant 2\sqrt{t}$ $p=t-H_1$ $\alpha_1=60°$	
	MP-BV-2					
	MP-CV-1					
	MP-CV-2					

续表 1−18

序号	标记	坡口形状示意图	板厚 t（mm）	焊接位置	坡口尺寸（mm）	备注
4	MP−BL−1		≥6	F，H，V，O	$b=0$ $H_1 \geqslant 2\sqrt{t}$ $p=t-H_1$ $\alpha_1=45°$	
	MP−BL−2					
	MP−CL−1					
	MP−CL−2					
5	MP−TL−1		≥10	F，H，V，O	$b=0$ $H_1 \geqslant 2\sqrt{t}$ $p=t-H_1$ $\alpha_1=45°$	
	MP−TL−2					
6	MP−BX−2		≥25	F，H，V，O	$b=0$ $H_1 \geqslant 2\sqrt{t}$ $p=t-H_1-H_2$ $H_2 \geqslant 2\sqrt{t}$ $\alpha_1=60°$ $\alpha_2=60°$	

续表 1-18

序号	标记	坡口形状示意图	板厚 t (mm)	焊接位置	坡口尺寸 (mm)	备注
7	MP-BK-2	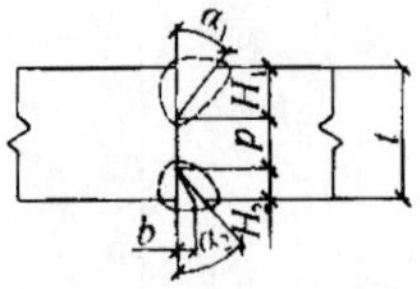	≥25	F, H, V, O	$b=0$ $H_1 \geqslant 2\sqrt{t}$ $p=t-H_1-H_2$ $H_2 \geqslant 2\sqrt{t}$ $\alpha_1=45°$ $\alpha_2=45°$	
	MP-TK-2	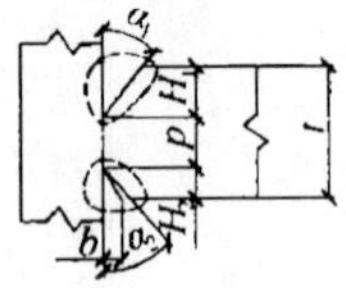				
	MP-CK-2	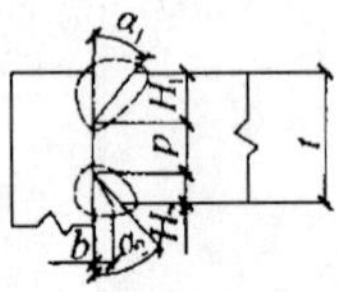				

6) 气体保护焊、自保护焊部分焊透坡口形式和尺寸宜符合表 1-19 的要求。

表 1-19 气体保护焊、自保护焊部分焊透坡口形式和尺寸

序号	标记	坡口形状示意图	板厚 t (mm)	焊接位置	坡口尺寸 (mm)	备注
1	GP-BI-1	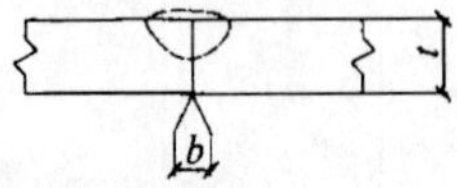	3~10	F, H, V, O	$b=0$	
	GP-CI-1	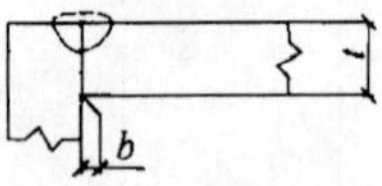				
2	GP-BI-2	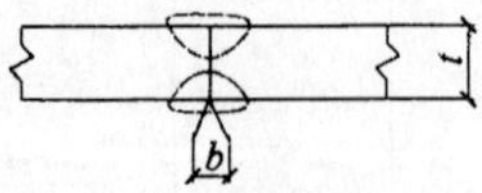	3~10	F, H, V, O	$b=0$	
	GP-CI-2	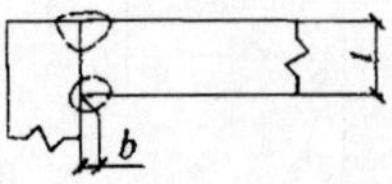	10~12			

续表 1-19

序号	标记	坡口形状示意图	板厚 t（mm）	焊接位置	坡口尺寸（mm）	备注
3	GP-BV-1	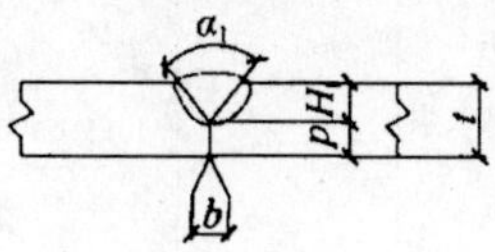	≥6	F，H，V，O	$b=0$ $H_1 \geqslant 2\sqrt{t}$ $p=t-H_1$ $\alpha_1=60°$	
	GP-BV-2	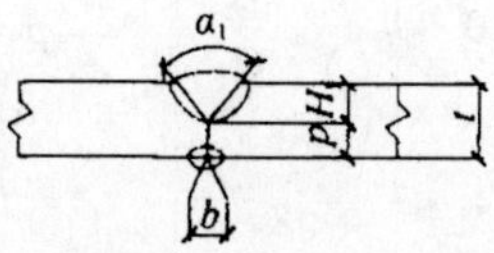				
	GP-CV-1	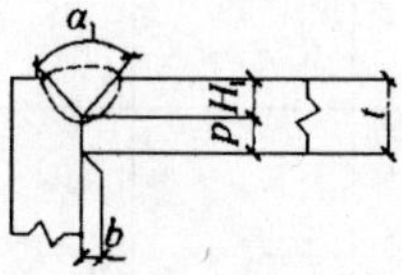				
	GP-CV-2	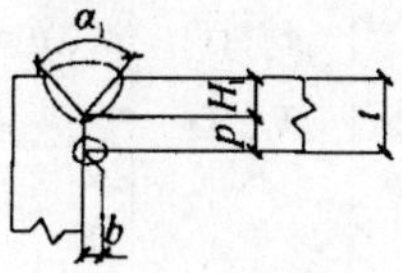				
4	GP-BL-1	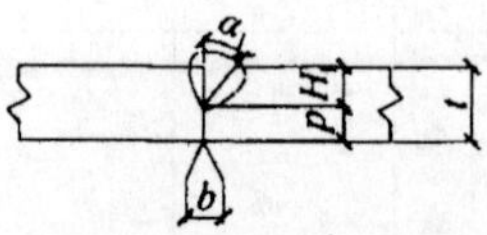	≥6	F，H，V，O	$b=0$ $H_1 \geqslant 2\sqrt{t}$ $p=t-H_1$ $\alpha_1=45°$	
	GP-BL-2	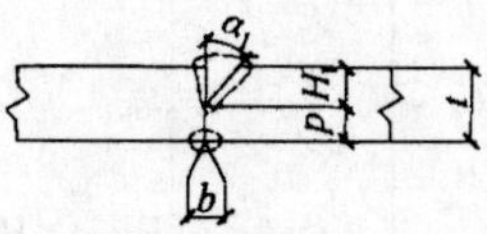				
	GP-CL-1	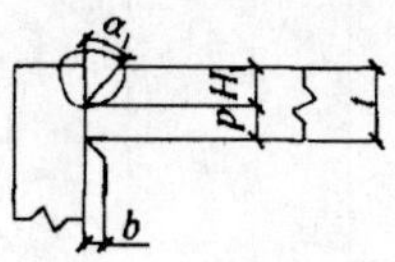	6~24			
	GP-CL-2	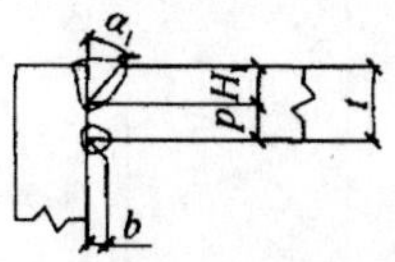				

续表 1 – 19

序号	标记	坡口形状示意图	板厚 t (mm)	焊接位置	坡口尺寸 (mm)	备注
5	GP – TL – 1		≥10	F, H, V, O	$b = 0$ $H_1 \geq 2\sqrt{t}$ $p = t - H_1$ $\alpha_1 = 45°$	
	GP – TL – 2					
6	GP – BX – 2		≥25	F, H, V, O	$b = 0$ $H_1 \geq 2\sqrt{t}$ $p = t - H_1 - H_2$ $H_2 \geq 2\sqrt{t}$ $\alpha_1 = 60°$ $\alpha_2 = 60°$	
7	GP – BK – 2		≥25	F, H, V, O	$b = 0$ $H_1 \geq 2\sqrt{t}$ $p = t - H_1 - H_2$ $H_2 \geq 2\sqrt{t}$ $\alpha_1 = 45°$ $\alpha_2 = 45°$	
	GP – TK – 2					
	GP – CK – 2					

7）埋弧焊部分焊透坡口形式和尺寸宜符合表 1-20 的要求。

表 1-20　埋弧焊部分焊透坡口形式和尺寸

序号	标记	坡口形状示意图	板厚 t（mm）	焊接位置	坡口尺寸（mm）	备注
1	SP – BI – 1	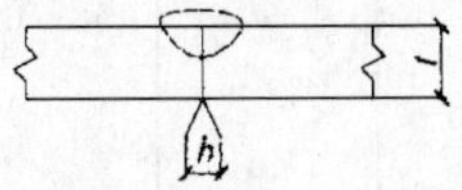	6 ~ 12	F	$b = 0$	
	SP – CI – 1	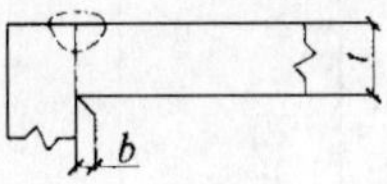				
2	SP – BI – 1	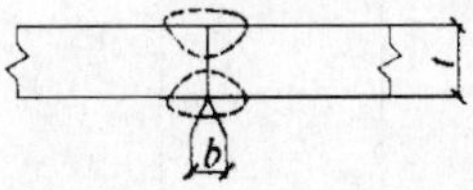	6 ~ 20	F	$b = 0$	
	SP – CI – 2	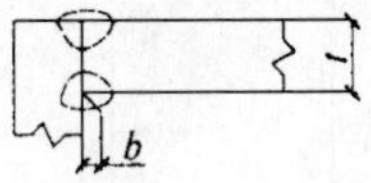				
3	SP – BV – 1	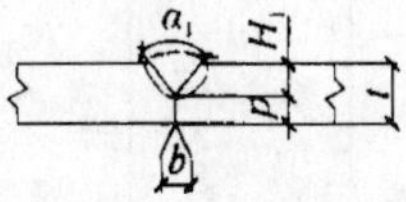	≥14	F	$b = 0$ $H_1 \geqslant 2\sqrt{t}$ $p = t - H_1$ $\alpha_1 = 60°$	
	SP – BV – 2	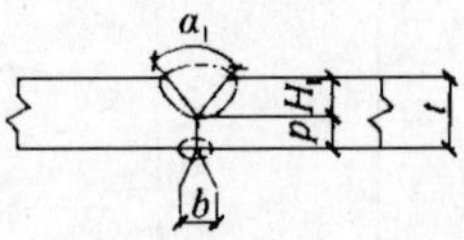				
	SP – CV – 1	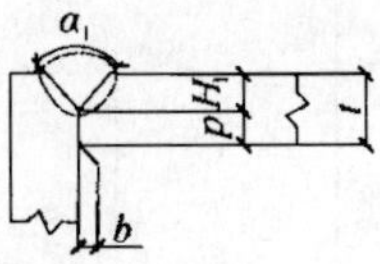				
	SP – CV – 2	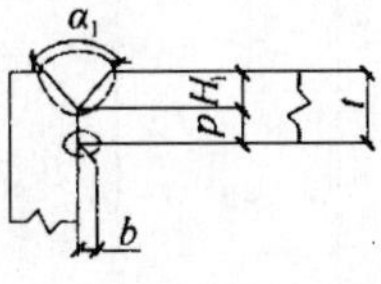				

续表 1-20

序号	标记	坡口形状示意图	板厚 t（mm）	焊接位置	坡口尺寸（mm）	备注
4	SP-BL-1		≥14	F，H	$b=0$ $H_1 \geqslant 2\sqrt{t}$ $p=t-H_1$ $\alpha_1=60°$	
	SP-BL-2					
	SP-CL-1					
	SP-CL-2					
5	SP-TL-1		≥14	F，H	$b=0$ $H_1 \geqslant 2\sqrt{t}$ $p=t-H_1$ $\alpha_1=60°$	
	SP-TL-2					
6	SP-BX-2		≥25	F	$b=0$ $H_1 \geqslant 2\sqrt{t}$ $p=t-H_1-H_2$ $H_2 \geqslant 2\sqrt{t}$ $\alpha_1=60°$ $\alpha_2=60°$	

续表 1 – 20

序号	标记	坡口形状示意图	板厚 t (mm)	焊接位置	坡口尺寸 (mm)	备注
7	SP – BK – 2		≥25	F，H	$b=0$ $H_1 \geqslant 2\sqrt{t}$ $p=t-H_1-H_2$ $H_2 \geqslant 2\sqrt{t}$ $\alpha_1=60°$ $\alpha_2=60°$	
	SP – TK – 2					
	SP – CK – 2					

1.3.5 尺寸标注

1）两构件的两条很近的重心线，应按图 1 – 26 的规定在交汇处将其各自向外错开。

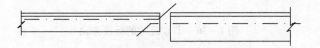

图 1 – 26　两构件重心不重合的表示方法

2）弯曲构件的尺寸应按图 1 – 27 的规定沿其弧度的曲线标注弧的轴线长度。

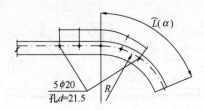

图 1 – 27　弯曲构件尺寸的标注方法

3）切割的板材，应按图 1 – 28 的规定标注各线段的长度及位置。

4）不等边角钢的构件，应按图 1 – 29 的规定标注出角钢一肢的尺寸。

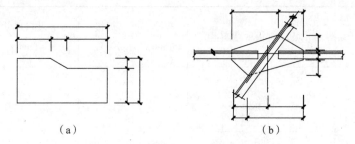

（a）   （b）

图 1 − 28　切割板材尺寸的标注方法

5）节点尺寸，应按图 1 − 29、图 1 − 30 的规定，注明节点板的尺寸和各杆件螺栓孔中心或中心距，以及杆件端部至几何中心线交点的距离。

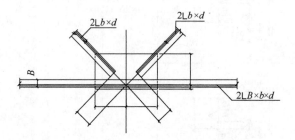

图 1 − 29　节点尺寸及不等边角钢的标注方法

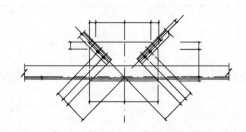

图 1 − 30　节点尺寸的标注方法

6）双型钢组合截面的构件，应按图 1 − 31 的规定注明缀板的数量及尺寸。引出横线上方标注缀板的数量及缀板的宽度、厚度，引出横线下方标注缀板的长度尺寸。

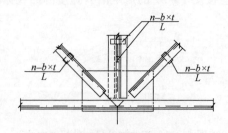

图 1 − 31　缀板的标注方法

7）非焊接的节点板，应按图 1 − 32 的规定注明节点板的尺寸和螺栓孔中心与几何中心线交点的距离。

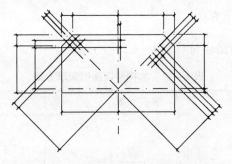

图1-32 非焊接节点板尺寸的标注方法

1.4 木结构表示方法

1.4.1 常用木构件断面的表示方法

常用木构件断面的表示方法应符合表1-21中的规定。

表1-21 常用木构件断面的表示方法

序号	名称	图例	说　　明
1	圆木	ϕ或d	
2	半圆木	$1/2\phi$或d	1. 木材的断面图均应画出横纹线或顺纹线 2. 立面图一般不画木纹线，但木键的立面图均须绘出木纹线
3	方木	$b\times h$	
4	木板	$b\times h$或h	

1.4.2 木构件连接的表示方法

木构件连接的表示方法应符合表1-22中的规定。

表1-22 木构件连接的表示方法

序号	名称	图例	说明
1	钉连接正面画法 (看得见钉帽的)	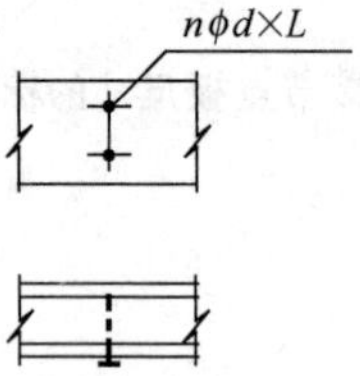 $n\phi d \times L$	
2	钉连接背面画法 (看不见钉帽的)	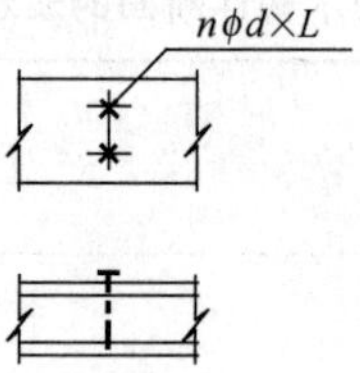 $n\phi d \times L$	—
3	木螺钉连接正面画法 (看得见钉帽的)	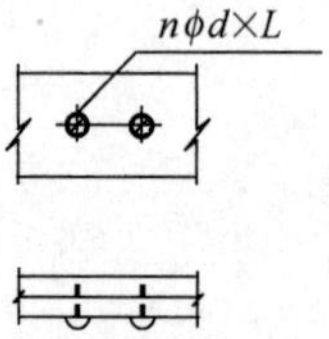 $n\phi d \times L$	
4	木螺钉连接背面画法 (看不见钉帽的)	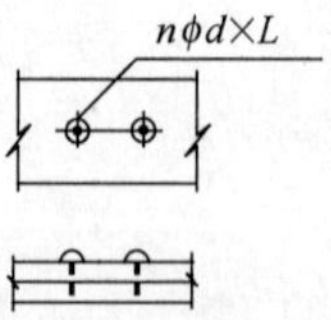 $n\phi d \times L$	—
5	杆件连接		仅用于单线图中

续表 1－22

序号	名称	图 例	说 明
6	螺栓连接	$n\phi d \times L$	1. 当采用双螺母时应加以注明 2. 当采用钢夹板时，可不画垫板线
7	齿连接		—

2 结构施工图识读内容与方法

2.1 钢筋混凝土结构

2.1.1 识读内容

1. 结构设计总说明的内容

在结构设计总说明中应表达的内容很多，各个单体设计的内容也不尽相同，但概括起来，一般包括以下一些内容：

1）工程结构设计的主要依据。

①工程设计所依据的规范、规程、图集和结构整体分析所使用的结构分析软件。

②由地质勘查单位提供的相应工程地质勘查报告及其主要内容，包括工程所在地区的地震基本烈度、抗震设防烈度、建筑场地类别、地基液化等级判别；工程地质和水文地质简况。

③采用的设计荷载，包含工程所在地的风荷载、雪荷载、楼（屋）面使用荷载、其他特殊的荷载或建设单位要求的使用荷载。

2）设计 ±0.000 标高所对应的黄海高程系绝对标高值。

3）建筑结构的安全等级和设计使用年限，混凝土结构的耐久性要求和砌体结构施工质量控制等级。

4）建筑场地类别、地基的液化等级、建筑的抗震设防类别、抗震设防烈度（设计基本地震加速度及设计地震分组）和钢筋混凝土结构的抗震等级。

5）说明基础的形式、采用的材料及其强度，地基基础设计等级。

6）说明主体结构的形式、采用的材料及其设计强度。

7）构造方面的做法及要求。

8）抗震的构造要求。

9）对本工程施工的特殊要求，施工中应注意的事项。

2. 地质勘探图的内容

地质勘探图正名为工程地质勘察报告。它包括四个部分：

1）建筑物平面外形轮廓和勘探点位置的平面布点图。

2）场地情况描述，如场地历史和现状、地下水位的变化情况。

3）工程地质剖面图，描述钻孔钻入深度范围内土层土质类别的分布。

4）土层土质描述及地基承载力的一张表格，在表中将土的类别、色味、土层厚度、湿度、密度、状态以及有无杂物的情况加以说明，并提供各土层土的承载力特征值。

3. 桩基础设计说明的内容

在图纸上不能反映出的设计要求，可通过在图纸上增加文字说明的方式表达。桩基础设计说明一般主要包括：

1）设计依据、场地 ±0.000 的绝对标高值即绝对高程值。

2）桩的种类、施工方式、单桩承载力特征值 R_a。

3）桩所采用的持力层、桩入土深度的控制方法。

4）桩身采用的混凝土强度等级、钢筋类别、保护层厚度，如果为人工挖孔灌注桩应对护壁的构造提出具体要求。

5）对试桩提出设计要求，同时提出试桩数量。

6）其他在施工中应注意的事项。

4．桩平面布置图的内容

桩平面布置图是用一个在桩顶附近的假想平面将基础切开并移去上面部分后形成的水平投影图，主要内容包括：

1）图名、比例：桩平面布置图的比例最好与建筑平面图一致，常采用 1：100、1：200。

2）定位轴线及其编号、尺寸间距。

3）承台的平面位置及其编号。

4）桩的平面位置应反映出桩与定位轴线的相对关系。

5）桩顶标高。

5．桩身详图的内容

桩身详图是通过桩中心的竖直剖切图。有时由于桩身较长，绘制时可以将其打断省略绘制。桩身详图主要内容包括：

1）图名。

2）桩的直径、长度、桩顶嵌入承台的长度（《建筑地基基础设计规范》GB 50007—2011 中规定≥50mm）。

3）桩主筋的数量、类别、直径、在桩身内的长度、伸入承台内的长度（《建筑地基基础设计规范》GB 50007—2011 规定，HPB300 ≥ 30 倍钢筋直径，HRB335 和 HRB400≥35 倍钢筋直径）。

4）箍筋的类别、直径、间距，沿桩身加劲筋的直径、间距。

5）绘制桩身横断面图。

6．承台平面布置图的内容

承台平面布置图主要内容包括：

1）图名、比例：承台平面布置图的比例最好与建筑平面图一致。

2）定位轴线及其编号、尺寸间距。

3）承台的定位及编号、承台连系梁的布置及编号。

4）承台说明。

7．承台详图的内容

承台详图是反映承台或承台梁剖面形式、详细几何尺寸、配筋情况及其他特殊构造的图纸。它主要包括：

1）图名、比例：常采用 1：20、1：50 等比例。

2）承台或承台梁剖面形式、详细几何尺寸、配筋情况。

3）垫层的材料、强度等级和厚度。

8. 结构平面布置图的内容

建筑结构平面布置图一般包括以下内容：

1）与建筑施工图相同的定位轴线及编号、各定位轴线的距离。

2）墙体、门窗洞口的位置以及在洞口处的过梁或连梁的编号。

3）柱或构造柱的编号、位置、尺寸和配筋。

4）钢筋混凝土梁的编号、位置以及现浇钢筋混凝土梁的尺寸和配筋情况。

5）楼板部分：如果是预制板，则需说明板的型号或编号、数量，铺板的范围和方向；如果是现浇板，则需说明板的范围、板厚，预留孔洞的位置和尺寸。

6）有关的剖切符号、详图索引符号或其他标注符号。

7）设计说明，内容为结构设计总说明中未指明的，或本楼层中需要特殊说明的特殊材料或构造措施等。

9. 柱平法施工图的主要内容

柱平法施工图的主要内容包括：

1）图名和比例。

2）定位轴线及其编号、间距和尺寸。

3）柱的编号、平面布置，应反映柱与定位轴线的关系。

4）每一种编号柱的标高、截面尺寸、纵向受力钢筋和箍筋的配置情况。

5）必要的设计说明。

10. 剪力墙平法施工图主要内容

剪力墙平法施工图主要内容包括：

1）图名和比例。

2）定位轴线及其编号、间距和尺寸。

3）剪力墙柱、剪力墙身、剪力墙梁的编号、平面布置。

4）每一种编号剪力墙柱、剪力墙身、剪力墙梁的标高、截面尺寸、钢筋配置情况。

5）必要的设计说明和详图。

11. 梁平法施工图主要内容

梁平法施工图主要内容包括：

1）图名和比例。

2）定位轴线及其编号、间距和尺寸。

3）梁的编号、平面布置。

4）每一种编号梁的标高、截面尺寸、钢筋配置情况。

5）必要的设计说明和详图。

12. 现浇板施工图主要内容

现浇板施工图主要内容包括：

1）图名和比例。

2）定位轴线及其编号、间距和尺寸。

3）现浇板的厚度、标高及钢筋配置情况。

4）阅读必要的设计说明和详图。

2.1.2　识读方法

1. 桩平面布置图的识读方法

桩平面布置图可按如下方法识读：

1）查看图名、绘图比例。

2）对照建筑首层平面图校对定位轴线及编号，如有出入及时与设计人员联系解决。

3）阅读设计说明，明确桩的施工方法、单桩承载力特征值、采用的持力层、桩身入土深度及其控制。

4）阅读设计说明，明确桩的材料、钢筋、保护层等构造要求。

5）结合桩详图，分清不同长度桩的数量、桩顶标高、分布位置等。

6）明确试桩的数量以及为试桩提供反力的锚桩数量、配筋情况（锚桩配筋和桩头构造不同于一般工程桩），以便及时和设计单位共同确定试桩和锚桩桩位。

2. 承台平面布置图及详图的识读方法

承台平面布置图及详图可按如下方法识读：

1）查看图名、绘图比例。

2）对照桩平面布置图校对定位轴线及编号，如有出入及时与设计人员联系解决。

3）查看桩平面布置图，确定承台的形式、数量和编号，将其在平面布置图中的位置一一对应。

4）阅读说明并参照承台详图及承台表，明确各个承台的剖面形式、尺寸、标高、材料、配筋等。

5）明确剪力墙或柱的尺寸、位置以及承台的相对位置关系，查阅剪力墙或柱详图确认剪力墙或柱在承台中的插筋。

6）垫层的材料、强度等级和厚度。

3. 柱平法施工图的识读方法

柱平法施工图可按如下方法识读：

1）查看图名、比例。

2）校核轴线编号及间距尺寸，必须与建筑图、基础平面图保持一致。

3）与建筑图配合，明确各柱的编号、数量及位置。

4）阅读结构设计总说明或有关分页专项说明，明确标高范围柱混凝土的强度等级。

5）根据各柱的编号，查对图中截面或柱表，明确柱的标高、截面尺寸和配筋，再根据抗震等级、标准构造要求确定纵向钢筋和箍筋的构造要求（包括纵向钢筋连接的方式、位置、锚固搭接长度、弯折要求、柱头节点要求；箍筋加密区长度范围等）。

4. 剪力墙平法施工图识读方法

剪力墙平法施工图识读可按如下方法识读：

1）查看图名、比例。

2）校核轴线编号及间距尺寸，必须与建筑平面图、基础平面图保持一致。

3）与建筑图配合，明确各剪力墙边缘构件的编号、数量及位置，墙身的编号、尺寸、洞口位置。

4）阅读结构设计总说明或有关分页专项说明，明确各标高范围剪力墙混凝土的强度等级。

5）根据各剪力墙身的编号，查对图中截面或墙身表，明确剪力墙的标高、截面尺寸和配筋。再根据抗震等级、标准构造要求确定水平分布钢筋、竖向分布钢筋和拉筋的构造要求（包括水平分布钢筋、竖向分布钢筋连接的方式、位置、锚固搭接长度、弯折要求）。

6）根据各剪力墙柱的编号，查对图中截面或墙柱表，明确剪力墙柱的标高、截面尺寸和配筋。再根据抗震等级、标准构造要求确定纵向钢筋和箍筋的构造要求（包括纵向钢筋连接的方式、位置、锚固搭接长度、弯折要求、柱头节点要求；箍筋加密区长度范围等）。

7）根据各剪力墙梁的编号，查对图中截面或墙梁表，明确剪力墙梁的标高、截面尺寸和配筋。再根据抗震等级、标准构造要求确定纵向钢筋和箍筋的构造要求（包括纵向钢筋锚固搭接长度、箍筋的摆放位置等）。

5. 梁平法施工图识读方法

梁平法施工图识读可按如下方法识读：

1）查看图名、比例。

2）校核轴线编号及间距尺寸，必须与建筑图、基础平面图、柱平面图保持一致。

3）与建筑图配合，明确各梁的编号、数量及位置。

4）阅读结构设计总说明或有关分页专项说明，明确各标高范围剪力墙混凝土的强度等级。

5）根据各梁的编号，查对图中标注或截面标注，明确梁的标高、截面尺寸和配筋。再根据抗震等级、标准构造要求确定纵向钢筋、箍筋和吊筋的构造要求（包括纵向钢筋锚固搭接长度、切断位置、连接方式、弯折要求；箍筋加密区范围等）。

6. 现浇板施工图识读方法

现浇板施工图识读可按如下方法识读：

1）查看图名、比例。

2）校核轴线编号及间距尺寸，必须与建筑图、梁平法施工图保持一致。

3）阅读结构设计总说明或有关说明，确定现浇板的混凝土强度等级。

4）明确图中未标注的分布钢筋，有时对于温度较敏感或板厚较厚时还要设置温度钢筋，其与板内受力筋的搭接要求也应该在说明中明确。

2.2 钢结构

虽然钢结构体系的种类较多，施工图所包括的内容也不尽相同，但是识图过程中的一些内容和方法却有很多相同的地方。接下来，将针对一些具有共性的内容和方法进行总结。

对于一套图纸来讲，首先应该阅读它的建筑施工图，了解建筑设计师的意图，清楚整个建筑物的功能作用以及空间的划分和不同空间的关系，另外，还需掌握建筑物的一些主要关键尺寸；其次应该仔细研究其结构施工图，掌握其结构体系组成，明确其主要构件的类型和特征，清楚各构件之间的连接做法，以及主要的结构尺寸；最后阅读设备施工图，明确设备安装的位置和方法，注意结构施工时为后续设备安装要做的准备工作。在整套图的识读过程中，往往还需要将两个专业或多个专业的同一部位的施工图放在一起对照识读。

对于结构施工图来说，在识读时应该按照如下方法进行：

首先应该仔细阅读结构设计说明，弄清结构的基本概况，明确各种结构构件的选材，尤其要注意一些特殊的构造做法，这里表达的信息往往都是后面图纸中一些共性的内容。

接下来便是识读基础平面布置图和基础详图。在识读基础平面布置图时，首先应明确该建筑物的基础类型，再从图中找出该基础的主要构件，接下来对主要构件的类型进行归类汇总，最后按照汇总后的构件类型找到其详图，明确构件的尺寸和构造做法。

在了解了建筑物基础的具体做法以后，需要识读结构平面布置图。结构平面布置图一般情况下都是按层划分的，若各层的平面布置相同，可采用同一张图纸表达，只需在图名中进行说明。读结构平面布置图时，首先应该明确该图中结构体系的种类及其布置方案，接着应该从图中找出各主要承重构件的布置位置、构件之间的连接方法、构件的截面选取，然后对每一种类的构件按截面不同进行种类细分，并统计出每类构件的数量。读完一张平面图后，再阅读其他各层结构平面布置图时，为了节省时间，只需找出该层图纸与前张图纸中不同的部位，进行详细阅读和统计。

读完结构平面布置图后，应对建筑物整体结构有一个宏观的认识。接下来再仔细对照构件的编号，来识读各构件的详图。通过构件详图明确各种构件的具体制作方法以及构件与构件的连接节点的详细制作方法，对于复杂的构件往往还需要有一些板件的制作详图。

2.2.1 识读内容

1. 结构设计说明的内容

结构设计说明的内容包括：工程概况，设计依据，设计荷载资料、材料的选用和制作安装。

1）工程概况。结构设计说明中的工程概况主要用来介绍本工程的结构特点，如建筑物的柱距、跨度、高度等结构布置方案，以及结构的重要性等级等内容。

2）设计依据。设计依据包括与工程设计合同书有关的设计文件、岩土工程报告、设计基础资料和有关设计规范及规程等内容。对于施工人员来讲，有必要了解这些资料，甚至有些资料如岩土工程报告等，也是施工时的重要依据。

3）设计荷载资料。设计荷载资料主要包括：各种荷载的取值、抗震设防烈度和抗震设防类别等。对于施工人员来讲，尤其要注意各结构部位的设计荷载取值，在施工时千万不能超过这些设计荷载，否则可能造成事故。

4）材料的选用。材料的选用主要是对各部分构件选用的钢材按主次分别提出钢材质量等级和牌号、性能的要求，以及相应钢材等级、性能选用配套的焊条和焊丝的牌号与性能要求，选用高强度螺栓和普通螺栓的性能级别等。这是施工人员尤其要注意的，这对于后期材料的统计与采购都起着至关重要的作用。

5）制作安装。制作安装主要包括制作的技术要求及允许偏差、螺栓连接精度和施拧要求、焊缝质量要求和焊缝检验等级要求、防腐和防火措施、运输和安装要求等。此项内容可整体作为一个条目编写，也可分条目编写。这一部分内容是设计人员提出的施工指导意见和特殊要求，作为施工人员，必须在施工过程中认真贯彻。

对于初学者，在识读"结构设计说明"时，应该做好必要的笔记，主要记录与工程施工有关的重要信息，如结构的重要性等级、抗震设防烈度及类别、主要材料的选用和性能要求、制作安装的注意事项等。这样做一方面便于对这些信息的集中掌握，另一方面还方便读者对图纸进行前后对比。

2. 支撑布置图的主要内容

支撑布置图的主要内容包括明确支撑的所处位置和数量、明确支撑的起始位置、支撑的选材和构造做法。

1）明确支撑的所处位置和数量：门式钢架结构中，并不是每一个开间都要设置支撑，如果要在某开间内设置，往往将屋面支撑和柱间支撑设置在同一开间，从而形成支撑桁架体系。因此，首先需要从图中明确支撑系统到底设在了哪几个开间，此外还需要知道每个开间内共设置了几道支撑。

2）明确支撑的起始位置，对于柱间支撑需要明确支撑底部的起始高程和上部的结束高程；对于屋面支撑，则需要明确其起始位置与轴线的关系。

3）支撑的选材和构造做法：支撑系统主要分为柔性支撑和刚性支撑两类。柔性支撑主要指的是圆钢断面，它只能承受拉力；刚性支撑主要指的是角钢断面，既可以受拉也可以受压。此处可以根据详图来确定支撑断面，以及它与主钢架的连接做法和支撑本身的特殊构造。

3. 结构平面布置图及其识读内容

结构平面布置图是确定建筑物各构件在建筑平面上的位置图，具体绘制内容主要有：

1）根据建筑物的宽度和长度，绘出柱网平面图。

2）用粗实线绘出建筑物的外轮廓线及柱的位置和断面示意。

3）用粗实线绘出梁及各构件的平面位置，并标注构件定位尺寸。

4）在平面图的适当位置处标注所需的剖面，以反映结构楼板、梁等不同构件的竖向标高关系。

5）在平面图上对梁构件编号。

6）表示出楼梯间、结构留洞等的位置。

对于结构平面布置图的绘制数量，与确定绘制建筑平面图的数量原则相似，只要各层结构平面布置相同，可以只画某一层的平面布置图来表达相同各层的结构平面布置图。

2.2.2 识读方法

1. 基础平面布置图及基础详图识读方法

基础平面布置图主要通过平面图的形式反映建筑物基础的平面位置关系和平面尺

寸。对于轻钢门式钢架结构，在较好的地质情况下，基础形式一般采用柱下独立基础。在平面布置图中，一般标注有基础的类型和平面的相关尺寸，如果需要设置拉梁，也一并在基础平面布置图中标出。

由于门式钢架的结构单一，柱脚类型较少，相应基础的类型也不多，所以往往把基础详图和基础平面布置图放在一张图纸上（如果基础类型较多，可考虑将基础详图单列一张图纸）。基础详图往往采用水平局部剖面图和竖向剖面图来表达，图中主要标明各种类型基础的平面尺寸和基础的竖向尺寸，以及基础的配筋情况等。

识读基础平面布置图及其详图时，还需要特别注意以下两点：

1）图中写出的施工说明，往往涉及图中不方便表达的或没有具体表达的部分，因此读图者一定要特别注意。

2）观察每一个基础与定位轴线的相对位置关系，最好同时看一下柱子与定位轴线的关系，从而确定柱子与基础的位置关系，以保证安装的准确性。

2. 柱脚锚栓布置图及其识读方法

柱脚锚栓布置图的形成方法是，先按一定比例绘制柱网平面布置图，再在该图上标注出各个钢柱柱脚锚栓的位置，即相对于纵横轴线的位置尺寸，在基础剖面图上标出锚栓空间位置高程，并标明锚栓规格数量及埋设深度。

在识读柱脚锚栓布置图时，需要注意以下几个方面的问题：

1）通过对锚栓平面布置图的识读，根据图纸的标注能够准确地对柱脚锚栓进行水平定位。

2）通过对锚栓详图的识读，掌握与锚栓有关的一些竖向尺寸，主要有锚栓的直径、锚栓的锚固长度、柱脚底板的标高等。

3）通过对锚栓布置图的识读，可以对整个工程的锚栓数量进行统计。

3. 檩条布置图识读方法

檩条布置图主要包括屋面檩条布置图和墙面檩条（墙梁）布置图。屋面檩条布置图主要表明檩条间距和编号以及檩条之间设置的直拉条布置、斜拉条布置和编号，另外还有隅撑的布置和编号；墙面檩条布置图，往往按墙面所在轴线分类绘制，每个墙面的檩条布置图的内容与屋面檩条布置图的内容相似。

4. 主钢架图及节点详图的识读方法

门式钢架通常采用变断面，故要绘制构件图以便表达构件外形、几何尺寸及构件中杆件的断面尺寸；门式钢架图可利用对称性绘制，主要标注其变断面柱和变断面斜梁的外形和几何尺寸、定位轴线和标高，以及柱断面与定位轴线的相关尺寸等。一般根据设计的实际情况，不同种类的钢架均应含有此图。

在相同构件的拼接处、不同构件的连接处、不同结构材料的连接处以及需要特殊交代清楚的部位，往往需要用节点详图予以详细说明。节点详图在设计阶段应表示清楚各构件间的相互连接关系及其构造特点，节点上应标明在整个结构上的相关位置，即应标出轴线编号、相关尺寸、主要控制标高、构件编号或断面规格、节点板厚度及加劲肋做法。构件与节点板焊接连接时，应标明焊脚尺寸及焊缝符号。构件采用螺栓连接时，应标明螺栓的种类、直径和数量。

对于一个单层单跨的门式钢架结构，它的主要节点详图包括梁柱节点详图、梁梁节点详图、屋脊节点详图以及柱脚详图等。

在识读详图时，应该先明确详图所在结构的位置，往往有两种方法：一是根据详图上所标的轴线和尺寸进行位置的判断；二是利用前面讲过的索引符号和详图符号的对应性来判断详图的位置。明确相关位置后，要弄清图中所画的是什么构件，它的断面尺寸是多少；接下来，要清楚为实现连接需加设哪些连接板件或加劲板件；最后，了解构件之间的连接方法。施工图的识读时还应注意读图的顺序，如图 2-1 所示。

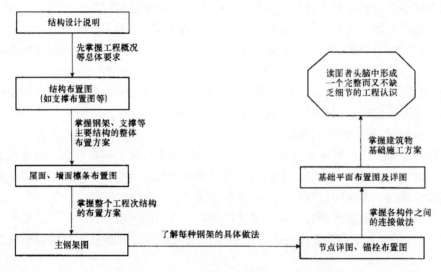

图 2-1　轻钢门式钢架结构施工图读图流程图

5. 结构设计说明及识读方法

设计说明中有些内容是适应于大多数工程的，为了提高识图的效率，要学会从中找到本工程所特有的信息和针对工程所提出的一些特殊要求。

1）工程概况。在识读工程概况时，关键要注意以下三点：一是"工程名称"，了解工程的具体用途，从而便于一些信息的查阅，如工程的防火等级确定，就需要考虑到它的具体用途；二要注意"工程地点"，许多设计参数的选取和施工组织设计的考虑都与工程地点有着紧密的联系；三是"网架结构荷载"。

2）设计依据。设计依据列出的往往都是一些设计标准、规范、规程以及建设方的设计任务书等。对于这些内容，施工人员要注意两点：一是要注意其中的地方标准或行业标准，这些内容往往有一定的特殊性；二是要注意与施工有关的标准和规范。此外，施工人员也应该了解建设方的设计任务书。

3）网架结构设计和计算。主要介绍了设计所采用的软件程序和一些设计原理及设计参数。

4）材料。主要对网架中各杆件和零件的材料性质提出了要求。

5）制作。钢结构工程的施工主要包括构件和零件的加工制作（在加工厂完成），以及现场的安装、拼装两个阶段，网架工程也不例外。从设计的角度主要对网架杆件、螺栓球以及其他零件的加工制作提出了要求。不管是负责现场安装的施工人员，还是加工人员，都要以此来判断加工好的构件是否合格，因此要重点阅读。

6）安装。由于钢结构工程的特殊性，其施工阶段与使用阶段的受力情况有较大差异，因此设计人员往往会提出相应的施工方案。

7）验收。主要提出了对工程的验收标准。虽然验收是安装完以后才做的事情，但对于施工人员来讲，应在加工安装之前就要熟悉验收的标准，只有这样才能确保工程的质量。

8）表面处理。钢结构的防腐和防火是钢结构施工的两个重要环节。主要从设计角度出发，对结构的防腐和防火提出了要求，这也是施工人员要特别注意的，施工中必须满足标准的要求。

9）主要计算结果。施工人员在识读内容时应特别注意，给出的值均为使用阶段的，也就是说当使用荷载全部加上后产生的结果。在安装施工时要避免单根构件的力超过此最大值，以免安装过程中造成杆件的损坏；另外，施工过程中还要控制好结构整体的挠度。

6. 钢网架平面布置图及识读方法

1）钢网架平面布置图主要是用来对网架的主要构件（支座、节点球、杆件）进行定位的，一般还配合纵、横两个方向剖面图共同表达。

2）节点球的定位主要还是通过两个方向的剖面图控制的。

7. 钢网架安装图及其识读方法

1）节点球的编号一般用大写英文字母开头，后边跟一个阿拉伯数字，标注在节点球内。图中节点球的编号有几种大写字母开头，表明有几种球径的球，即开头字母不同的球的直径是不同的；即使直径相同的球，由于所处位置不同，球上开孔数量和位置也不尽相同，因此在字母后边用数字来表示不同的编号。

2）杆件的编号一般采用阿拉伯数字开头，后边跟一个大写英文字母或什么都不跟，标注在杆件的上方或左侧。图中杆件的编号有几种数字开头，表明有几种横断面不同的杆件；另外，由于同种断面尺寸的杆件其长度未必相同，因此在数字后加上字母以区别杆件的不同类型。由此就可以得知图中杆件的类型数、每个类型杆件的具体数量，以及它们分别位于何位置。

8. 球加工图及其识读方法

球加工图主要表达各种类型的螺栓球的开孔要求，以及各孔的螺栓直径等。由于螺栓球是一个立体造型复杂、开孔位置多样化的构件，因此在绘制时，往往选择能够尽量多地反映开孔情况的球面进行投影绘制，然后将图上绘制出来的各孔孔径中心之间的角度标注出来。图名以构件编号命名，还应注明该球总共的开孔数、球直径和该编号球的数量。对于从事网架安装的施工人员来讲，该图纸的作用主要是用来校核由加工厂运来的螺栓球的编号是否与图纸一致，以免在安装过程中出现错误、重新返工。这个问题尤其在高空散装法的初期要特别注意。

9. 支座详图与支托详图的识读方法

支座详图和支托详图都是表达局部辅助构件的大样详图，虽然两张图表达的是两个不同的构件，但从制图或者识图的角度来讲是相同的。这种图的识读顺序如下：

一般情况下，先看整个构件的立面图，掌握组成这个构件的各零件的相对位置关系，如在支座详图中，通过立面可以知道螺栓球、十字板和底板之间的相对位置关系。

然后，根据立面图中的断面的剖面的剖切符号找到相应的断面图，进一步明确各零件之间在平面上的位置关系和连接做法。

最后，根据立面图中的板件编号（带圆圈的数字）查明组成这一构件的每一种板件的具体尺寸和形状。另外，还需要仔细阅读图纸中的说明，可以进一步帮助大家更好地明确该详图。

10. 材料表及其识读方法

材料表把该网架工程中所涉及的所有构件的详细情况进行了分类汇总。材料表可以作为材料采购、工程量计算的一个重要依据。此外，在识读其他图纸时，如有参数标注不全的情况，可以结合材料表来校验或查询。

11. 结构设计说明及其识读方法

钢框架结构的结构设计说明，往往根据工程的繁简情况不同，说明中所列的条文也不尽相同。工程较为简单时，结构设计说明的内容也比较简单，但是工程结构设计说明中所列条文都是钢框架结构工程中所必须涉及的内容。主要包括：设计依据，设计荷载，材料要求，构件制作、运输、安装要求，施工验收，图中相关图例的规定，主要构件材料表等。

12. 底层柱子平面布置图及其识读方法

柱子平面布置图是反映结构柱在建筑平面中的位置，用粗实线反映柱子的断面形式，根据柱子断面尺寸的不同，给柱子进行不同的编号，并且标出柱子断面中心线与轴线的关系尺寸，给柱子定位。对于柱断面中板件尺寸的选用，一般另外用列表方式表示。

在读图时，首先明确图中一共有几种类型的柱子，每一种类型的柱子的断面形式如何，各有多少个。

13. 结构平面布置图详细识读方法

结构平面布置图可按如下方法识读：

1) 明确本层梁的信息。结构平面布置图是在柱网平面上绘制出来的，而在识读结构平面布置图之前，已经识读了柱子平面布置图，所以在此图上的识读重点就首先落到了梁上。这里提到的梁的信息主要包括梁的类型数、各类梁的断面形式、梁的跨度、梁的标高以及梁柱的连接形式等信息。

2) 掌握其他构件的布置情况。其他构件主要是指梁之间的水平支撑、隔撑以及楼板层的布置。水平支撑和隔撑并不是所有的工程中都有，如果有，在结构平面布置图中一起表示出来；楼板层的布置主要是指当采用钢筋混凝土楼板时，应将钢筋的布置方案在平面图中表示出来，或者将板的布置方案单列一张图纸。

3) 查找图中的洞口位置。楼板层中的洞口主要包括楼梯间和配合设备管道安装的洞口，在平面图中主要明确它们的位置和尺寸大小。

4) 屋面檩条平面布置图。屋面檩条平面布置图主要表达檩条的平面布置位置、檩条的间距以及檩条的标高。在识读时可以参考轻钢门式钢架的屋面檩条图的识读方法，阅读其要表达的信息。

5) 楼梯施工详图。对于楼梯施工图，首先要弄清楚各构件之间的位置关系，其次要明确各构件之间的连接问题。对于钢结构楼梯，往往做成梁板式楼梯，因此它的主要构件有踏步板、梯斜梁、平台梁、平台柱等。

楼梯施工图主要包括楼梯平面布置图、楼梯剖面图、平台梁与梯斜梁的连接详图、踏步板详图、平台梁与平台柱的连接详图、楼梯底部基础详图等。

对于楼梯图的识读方法一般为：先读楼梯平面图，掌握楼梯的具体位置和楼梯的具体平面尺寸；再读楼梯剖面图，掌握楼梯在竖向上的尺寸关系和楼梯本身的构造形式及结构组成；最后阅读钢楼梯的节点详图，从而掌握组成楼梯的各构件之间的连接做法。

6）节点详图。节点详图在设计阶段应表示清楚各构件间的相互连接关系及其构造特点，节点上应标明整个结构物的相关位置，即应标出轴线编号、相关尺寸、主要控制标高、构件编号和断面规格、节点板厚度及加劲肋做法。构件与节点板采用焊接连接时，应标明焊脚尺寸及焊缝符号。构件采用螺栓连接时，应标明螺栓的型号，螺栓直径、数量。

图纸共有两张节点详图，绝大多数的节点详图是用来表达梁与梁之间各种连接、梁与柱子的各种连接和柱脚的各种做法。往往采用2～3个投影方向的断面图来表达节点的构造做法。对于节点详图的识读，首先要判断清楚该详图对应于整体结构的什么位置（可以利用定位轴线或索引符号等），其次判断该连接的连接特点（即两构件之间在何处连接，是铰接连接还是刚接等），最后才是识读图上的标注。

2.3 砌体结构

2.3.1 识读内容

1. 结构施工图主要内容

砌体结构施工图主要表示砌体建筑的承重构件的布置方式，构件所在的位置、构件的形状、尺寸大小、构件的数量、所用材料、构造情况和各种构件之间的相互关系，其中承重构件包括基础、承重墙、柱、梁、板、屋架、屋面板和楼梯等。

砌体结构施工图的主要内容，包括基础图、结构平面布置图、剖面图、结构节点详图和构件图等。

砌体结构的基础形式有条形基础（包括毛石条形基础、砖砌体条形基础、毛石混凝土条形基础、钢筋混凝土条形基础、三合土条形基础等）、筏片基础（亦称为满堂基础，主要材料为钢筋混凝土）、桩基础（包括预制桩和灌注桩）和墩基础等。因此基础图即为所选用的基础形式的图纸表现。

砌体结构平面布置图包括有楼盖结构平面布置图、屋盖结构平面布置图、过梁和圈梁平面布置图、柱网平面布置图、基础梁平面布置图、连系梁平面布置图、楼梯间结构平面布置图等。

剖面图包括纵剖面图和横剖面图。

施工详图包括结构节点详图和构件详图，其中节点详图是指结构构造局部和材料用放大尺寸的比例画出的详细图样，构件详图是指具体构件，如梁、柱、雨篷等构件的详细构造及材料的施工图纸。

2. 结构总说明的内容

砌体结构设计总说明的内容很多，各个工程的设计内容也不尽相同，各设计单位的表达方式和内容各有特色，但概括起来，一般均应包括以下几个重要内容：

1）表明砌体建筑的具体结构形式、层数。

2）说明该建筑的抗震等级。

3）说明设计所依据的规范、规程、图集和设计时所使用的结构程序软件。

4）说明基础的形式，所采用的主要材料及其强度等级。

5）说明使用荷载的取值依据及大小。

6）说明构造上的做法和要求。

7）说明抗震构造要求。

8）说明主体结构的形式，所采用的主要材料及其强度等级。

9）对本工程施工中的特殊要求。

3. 基础平面图主要内容

基础平面图主要表示基础墙、柱、留洞及构件布置等平面位置关系，主要包括以下内容：

1）图名和比例。基础平面图的比例应与建筑平面图相同。常用比例为1:100、1:200，个别情况也有用1:150。

2）基础平面图应标出与建筑底层平面图相一致的定位轴线、编号和轴线间的尺寸。

3）基础的平面布置。基础的平面图应反映基础墙、柱、基础底面的形状、大小及基础与轴线的尺寸关系。

4）管沟的位置及宽度，管沟墙及沟盖板的布置。

5）基础梁的布置与代号，不同形式和类型的基础梁用代号 JL1、JL2……或 DL1、DL2……表示等。

6）基础的编号、基础断面的剖切位置和编号。

7）施工说明。用文字说明地基承载力、材料强度等级及施工要求等。

4. 基础详图主要内容

基础详图的内容较多，其中主要内容可概括如下：

1）详图的名称和比例。

2）详图中轴线及其编号。

3）基础详图的具体尺寸，包括有基础墙的厚度、基础的高度和宽度、基础垫层的厚度和宽度等。

4）基础的标高，包括有室内标高、室外标高、基础底标高等。

5）基础和基础垫层所用的材料、材料的强度等级、配筋数量及其布筋方式。

6）基础中防潮层的位置及做法。

7）基础（地）圈梁的位置、构造和做法。

8）施工说明等。

5. 结构平面图的内容

在砌体结构工程图中，平面图内一般包括如下的内容：

1）定位轴线及其编号、轴线间的尺寸。

2）墙体、门窗洞口的位置以及在门窗洞口处布置的过梁或连系梁的情况及其编号等。

3）构造柱和柱的位置、编号，及其通过相应的详图来表示其尺寸和配筋方式及配筋数量。

4）钢筋混凝土梁的编号、位置。

5）若采用现浇钢筋混凝土构件，梁的尺寸、配筋方式和配筋数量；板的标高、板的厚度及其配筋情况。

6）当采用预制构件时，预制板的布置情况。

7）各节点详图的剖切位置及剖视方向和编号。

8）圈梁的平面布置情况等。

6. 砌体结构现浇钢筋混凝土楼板施工图中的主要内容

在砌体结构中，现浇钢筋混凝土楼盖（包括屋盖）是指该层梁与板整浇在一起，因此在梁网布置确定后，网格中的结构部分即为楼板，即网格成为楼板板块的支座。在施工图中现浇楼板所包含的内容如下：

1）楼板所在楼层、图形名称和比例，应与建筑施工图中的平面图相对应。

2）梁网定位、定位轴线及其编号、轴线间尺寸，同样应与建筑平面图相对应。

3）现浇楼板的标高，尤其是阳台板、厨房的楼板和卫生间楼板，通常与结构层楼板有高差，均应显示出来。同时，应表明板的厚度，特别是较大的板块。

4）现浇板的配筋方式及其用量。

5）附加说明（或附注）和必要的详图及其索引情况。

6）构造柱、墙体和柱的位置等情况。

7. 砌体墙体识读内容

对砌体墙体的识读，应借助"建施"中的平面图、"建施"设计总说明中的砌体部分的内容和"结施"中设计说明，按先外墙后内墙的顺序，逐轴进行识读。在识读过程中，应重点识读的内容有：

1）墙体轴线及其编号。

2）轴线之间的尺寸。

3）门、窗等洞口的宽度，并结合门窗表和立面图，确定门窗的位置和高度。

4）墙体的厚度，并结合设计说明识读其材料及其做法。

5）壁柱（材料同墙体）的位置和大小。

6）构造柱的位置及大小。

7）墙体砌块的皮数，由标高及立面图纸共同确定。

8. 构造柱识读内容

对于构造柱的识读，主要内容包括：

1）构造柱的位置。

2）构造柱的类型。

3）构造柱的数量。

4）构造柱的配筋、断面大小等，如图2-2所示。

5）构造柱与砌体之间关系，即应设置拉结钢筋，并结合建施中的平面图一起识读。

6）构造柱与墙体施工的顺序，应遵循"先墙后柱"的原则。

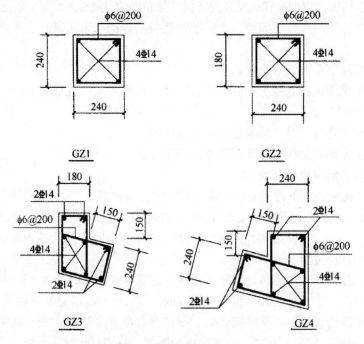

图 2-2　构造柱图样（单位：mm）

9. 柱子识读内容

对于柱的识读，根据基础平面图和楼层结构平面图进行识读，主要内容包括：

1）柱的位置及其轴线和编号。

2）柱的类型，按柱的编写名称"Z1、Z2……"进行识读和确定。

3）柱的数量。

4）柱所采用的材料类型，区分是无筋砌体柱、配筋砌体柱和钢筋混凝土柱等。

5）对于砌体柱的识读，包括柱断面大小、砌块品种、组砌施工方式，其中配筋砌体者尚需识读配筋方式和数量。

6）对于钢筋混凝土柱的识读，包括柱断面的大小、断面的形状、配筋方式及配筋的数量，如图 2-3 所示。

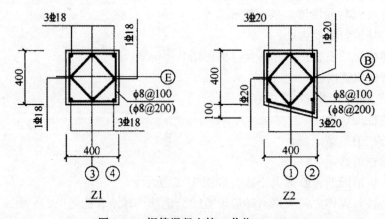

图 2-3　钢筋混凝土柱（单位：mm）

2.3.2 识读方法

1. 梁平法施工图的识读方法

在识读梁的施工图之前，首先应了解梁平法施工图的识读方法，现表述如下：

1）查阅梁的类别和序号，查读梁的图名和比例。

2）核查轴线编号和轴线间的尺寸，并结合建筑施工图中的平面图，检查是否正确、齐全。

3）明确梁的编号、位置、数量等内容。

4）识读结构设计总说明，明确梁中所用材料的强度等级、构造要求和通用表述方式及其内容。

5）按梁的编号顺序，逐一进行识读，根据梁的标注方式，明确梁的断面尺寸、配筋情况和梁的标高及高差。

6）根据结构的抗震等级、设计要求和标准构造详图，识读梁中纵向钢筋的位置和数量，配箍情况和吊筋设置的位置和数量，以及其他构造要求，主要有受力钢筋的锚固长度、搭接长度、连接方式、弯折要求、切断位置、附加箍筋的位置和用量、吊筋的构造要求、箍筋加密区的位置及其范围，主次梁的位置关系、主梁的支承情况等。

2. 现浇板施工图的识读方法

现浇板施工图可按如下方法识读：

1）查阅轴线位置、轴线编号及轴线间的尺寸，并结合建筑平面法、梁网平法施工图，核对是否一致，是否吻合。

2）识读结构设计总说明中有关楼板部分的条文，明确现浇楼板的表示方法、所用材料的强度等级，以及构造要求等。

3）识读现浇楼板的标高、高差和板厚。

4）识读现浇板的配筋方式和用筋量，通过附注内容或附加说明，明确尚未注明的受力钢筋和分布钢筋的用量及分布情况。应特别注意钢筋的弯钩形状和方向，以便确定钢筋在板断面中的位置和做法。

3. 楼梯详图识读方法

为便于识读楼梯详图，应先了解识读方法。根据楼梯详图的特点，可按如下方法识读：

1）看图名，读比例。在砌体结构工程中，一栋建筑物一般设有两个或两个以上楼梯，且有可能它们之间存在较大差异或明显不同，所以采取不同的命名，如"甲梯""乙梯"等，相应的详图即为"楼梯甲详图"和"楼梯乙详图"等图名。在楼梯详图中常用的比例一般为 1:50，也可采用 1:30 或 1:20。

2）查对楼梯间的位置。结合建筑平面图和结构平面图进行识读，要求这三者应吻合。

3）识读楼梯平面图。主要内容有：楼梯间的轴线和编号，开间和进深尺寸，结构布置情况，平台板配筋和板厚、标高、构件编号等。

4）识读梯段板、踏步板的结构构造、尺寸和配筋方式、配筋数量，以及梯段板两端的支持构造和标高。

5）识读梯梁，即平台梁、斜梁或折式斜梁的构造、断面形式、断面尺寸、跨度、配筋情况和标高等。

6）设计说明或附注。

3 结构识图实例

3.1 钢筋混凝土结构施工图识读实例

实例1：某建筑独立基础平面图识读

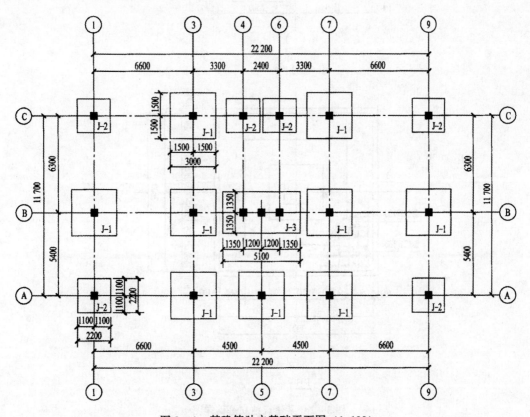

图 3 – 1　某建筑独立基础平面图（1:100）

图 3 –1 为某建筑独立基础平面图，从图中可以了解以下内容：

1）该图的绘制比例为 1:100。

2）从图中可看出该建筑基础采用的是柱下独立基础，图中涂黑的方块表示剖切到的钢筋混凝土柱，柱周围的细线方框表示柱下独立基础轮廓。定位轴网及轴间尺寸都已在图中标出。

3）从图中可以看出，独立基础共有 J–1、J–2、J–3 三种编号，每种基础的平面尺寸及与定位轴线的相对位置尺寸都已标出，如 J–1 的平面尺寸为 3000mm × 3000mm，两方向定位轴线居中。

实例2：某建筑独立基础详图识读

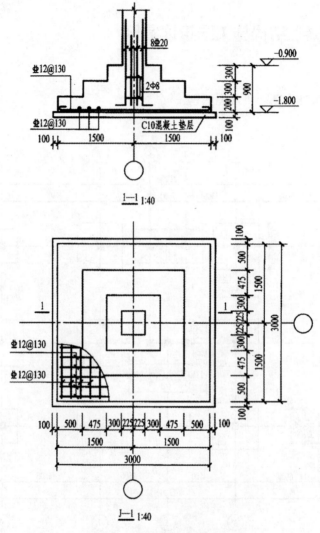

图3-2 某建筑独立基础详图

图3-2为某建筑独立基础详图，从图中可以了解以下内容：

1）图3-2是与图3-1对应的基础J-1的基础详图，由平面图和1-1断面图组成。

2）从图中可以看出基础为阶梯形独立基础，基础上部柱的断面尺寸为450mm×450mm，阶梯部分的平面尺寸与竖向尺寸图中都已标出，基础底面的标高为-1.800m。基础垫层为100mm厚C10混凝土，每侧宽出基础100mm。

3）J-1的底板配筋两个方向都是直径为12mm的HRB335级钢筋，分布间距130mm。基础中预放8根直径为20mm的HRB400级钢筋，是为了与柱内的纵筋搭接，在基础范围内还设置了两道箍筋2φ8。

实例3：某建筑独立基础平法施工图识读

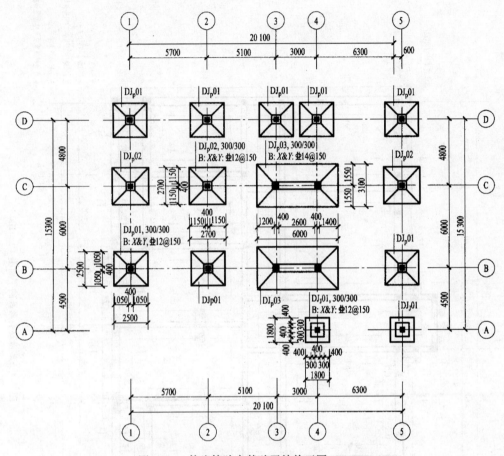

图3-3 某建筑独立基础平法施工图（1:100）

图3-3为某建筑独立基础平法施工图，从图中可以了解以下内容：

1）该建筑基础为普通独立基础，坡形截面普通独立基础有三种编号，分别为DJ_p01、DJ_p02、DJ_p03；阶形截面普通独立基础有一种编号，为DJ_J01。每种编号的基础选择了其中一个进行集中标注和原位标注。

2）以DJ_p01为例进行识读。从标注中可以看出该基础平面尺寸为2500mm×2500mm，竖向尺寸第一阶为300mm，第二阶尺寸为300mm，基础底板总厚度为600mm。柱子截面尺寸为400mm×400mm。基础底板双向均配置直径为12mm的HRB335级钢筋，分布间距均为150mm。各轴线编号以及定位轴线间距，图中都已标出。

实例4：某建筑条形基础平面图识读

图3-4为某建筑条形基础平面图，从图中可以了解以下内容：

1）该图的绘制比例为1:100。

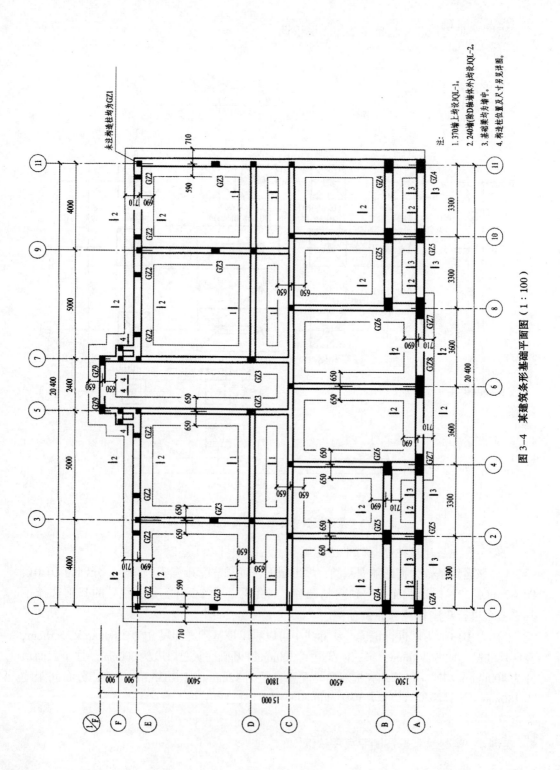

图 3-4 某建筑条形基础平面图（1:100）

2）从图中可以看出，该建筑的基础为条形基础。轴线两侧中粗实线表示基础墙，细实线表示基础底面边线，图中标注了基础宽度。以①轴线为例，墙厚为370mm，基础底面宽度尺寸为1300mm，基底左右边线到轴线的定位尺寸分别为710mm和590mm。

3）图中涂黑的表示构造柱，其编号已在图中注明，构造柱的定形、定位尺寸及配筋情况另有详图表示，图中给出了GZ1、GZ2的配筋断面图。

4）图中还画出了多处剖切符号，如1-1、2-2等，表明基础详图的剖切位置。

实例5：某建筑条形基础详图识读

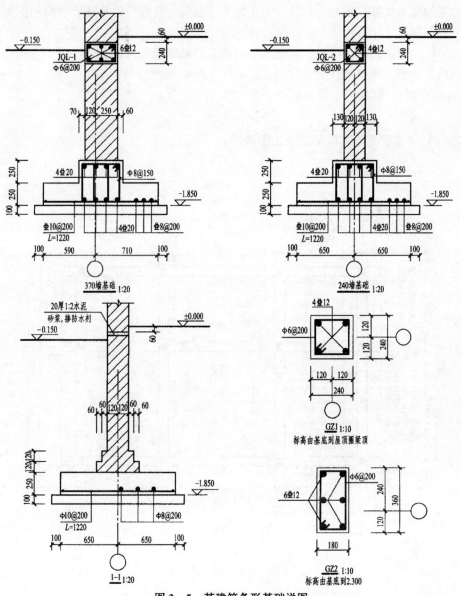

图3-5 某建筑条形基础详图

图 3-5 为某建筑条形基础详图，从图中可以了解以下内容：

1）图 3-5 是图 3-4 中条形基础的三个断面图及 GZ1、GZ2 的配筋断面图。三个基础断面图分别是 370 墙基础断面、240 墙基础断面和 1-1 断面。

2）现以 370 墙断面图为例，识读基础详图。该图比例为 1∶20，因为它是通用详图，所以在定位轴线圆圈符号内未注编号。该条形基础上部是砖砌的 370mm 厚的基础墙，在底层地面以下 60mm 处设有基础圈梁 JQL-1，其断面尺寸为 370mm×240mm，配置 6 根直径为 12mm 的 HRB335 级纵向钢筋和箍筋 φ6@200。下面的基础采用钢筋混凝土结构，基础中基础梁配置 8 根直径为 20 的 HRB400 级纵向钢筋和箍筋 φ8@150。基础板底配筋一个方向是直径 10mm 的 HRB335 级钢筋，间距 200mm；另一个方向是直径 8mm 的 HRB335 级钢筋，间距为 200mm。基础下面设置 100mm 厚的混凝土垫层，使基础与地基的接触良好，传力均匀。图中还标注了室内、室外地面和基础底面的标高以及其他一些细部尺寸。

3）从 1-1 断面图中可见，该处基础墙内未设基础圈梁，设有防潮层，基础墙的下端为两级大放脚，每一级大放脚高为 120mm（两皮砖的厚度），向两边各放出 60mm（1/4 砖的宽度），基础内未设基础梁。

实例 6：某建筑条形基础平法施工图识读

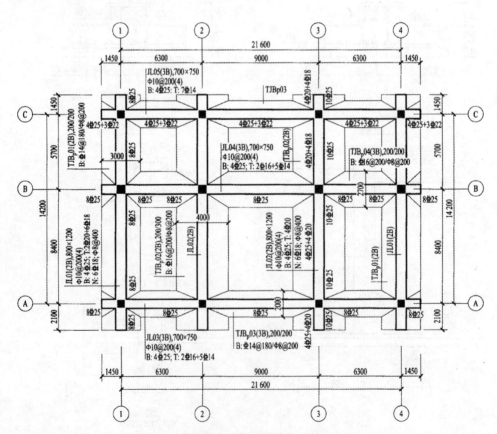

图 3-6　某建筑条形基础平法施工图（1∶100）

图 3 – 6 为某建筑条形基础平法施工图，从图中可以了解以下内容：

1）该建筑的基础为梁板式条形基础。

2）基础梁有五种编号，分别为 JL01、JL02、JL03、JL04、JL05。下面以 JL01 为例进行识读。从集中标注中可看出，该梁为两跨两端有外伸，截面尺寸为 800mm × 1200mm。箍筋为直径 10mm 的 HPB300 钢筋，间距为 200mm，四肢箍。梁底部配置的贯通纵筋为 4 根为直径 25mm 的 HRB335 级钢筋，梁顶部配置的贯通纵筋为 2 根直径 20mm 的和 6 根直径 18mm 的 HRB335 级钢筋。梁的侧面共配置 6 根直径 18mm 的 HRB335 级抗扭钢筋，每侧配置 3 根，抗扭钢筋的拉筋为直径 8mm 的 HPB300 级钢筋，间距 400mm。从原位标注中可看出，在Ⓐ、Ⓑ轴线之间的一跨，梁底部支座两侧（包括外伸部位）均配置 8 根直径 25mm 的 HRB335 级钢筋，其中 4 根为集中标注中注写的贯通纵筋，另外 4 根为非贯通纵筋。在Ⓑ、Ⓒ轴线之间的一跨，梁底部通长配置了 8 根直径 25mm 的 HRB335 级钢筋（包括集中标注中注写的 4 根贯通纵筋）。

3）基础底板有四种编号，分别为 TJB$_p$01、TJB$_p$02、TJB$_p$03、TJB$_p$04。下面以 TJB$_p$01 为例进行识读。该条形基础底板为坡形底板，两跨两端有外伸。底板底部竖直高度为 200mm，坡形部分高度为 200mm，基础底板总厚度为 400mm。基础底板底部横向受力筋为直径 14mm 的 HRB335 级钢筋，间距 180mm；底部构造筋为直径 8mm 的 HPB300 级钢筋，间距 200mm。基础底板宽度为 3000mm，以轴线对称布置。各轴线间的尺寸，基础外伸部位的尺寸，图中都已标出。

> **实例 7：柱下条形基础平面布置图识读**

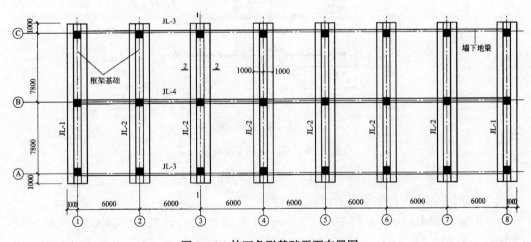

图 3 – 7 柱下条形基础平面布置图

图 3 – 7 为柱下条形基础平面布置图，从图中可以了解以下内容：

1）基础中心位置和定位轴线是相互重合的，基础轴线间的距离都是 6m。

2）基础全长为 17.6m，地梁长度是 15.6m，基础两端为了承托上部墙体（砖墙或者是轻质砌块墙）而设置有基础梁，编号为 JL – 3，每根基础梁上都设有三根柱子（图中黑色矩形部分），柱子间的柱距为 6m，跨度是 7.8m。由 JL – 3 的设置可知，这个方向不必再另外挖土方做砖墙基础。

3）地梁底部扩大的面是基础底板，基础的宽度是2m。

4）从图中的编号中可以看出①轴线和⑧轴线的基础是相同的，都是JL-1，其余的各轴线间基础相同，都是JL-2。

实例8：柱下条形基础详图识读

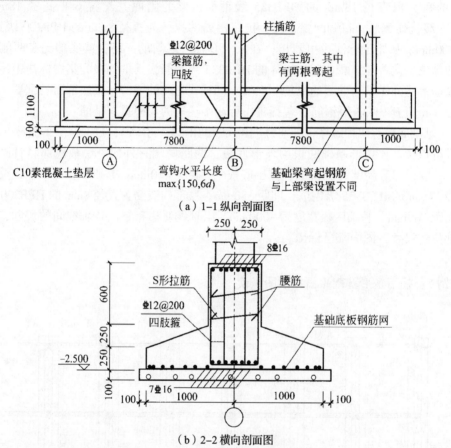

（a）1-1纵向剖面图

（b）2-2横向剖面图

图3-8 柱下条形基础详图

图3-8为柱下条形基础详图，从图中可以了解以下内容：

1）从图3-8（a）中可以看出以下内容：

①基础梁是用100mm厚的C10素混凝土做垫层，长度是17600mm，高度是1100mm，两端延伸出的长度是1000mm，这种设置可以更好地平衡梁在框架柱处的支座弯矩。

②竖向有三根柱子的插筋，插筋下部水平弯钩长度最大值要求在150mm和6倍插筋直径范围内。长向有梁的上部主筋与其下部的受力主筋，上部梁主筋有两根弯起，弯起的钢筋在柱边支座处斜的方向和上部结构的梁的弯起钢筋斜向相反。

③上下的受力钢筋用钢箍绑扎成梁，箍筋使用直径为12mm的HRB335级钢筋，从图中的标注可以知道，箍筋采用四肢箍（由两个长方形的钢箍组成的，上下钢筋由四肢

钢筋联结在一起的形式）的形式。

2）从图3-8（b）中可以看出以下内容：

①基础的宽度是2m，地基梁的宽度是500mm。

②基础的底部有100mm厚的素混凝土垫层，底板边缘厚度和斜坡高度都是250mm，梁高与纵剖一样是1100mm。

③底板在宽度方向上是主要的受力钢筋，摆放在最下面，断面上一个一个的黑点表示长向钢筋，通常是分布筋。

④板钢筋的上面是梁的配筋，上部主筋有8根，下部主筋有7根，钢筋均为HRB335级钢筋。

⑤箍筋采用四肢箍，箍筋使用直径是12mm的HRB335级钢筋，间距是200mm。

⑥梁的两侧设置腰筋，并且采用S形拉结筋勾住以形成整体。

实例9：墙下混凝土条形基础布置平面图识读

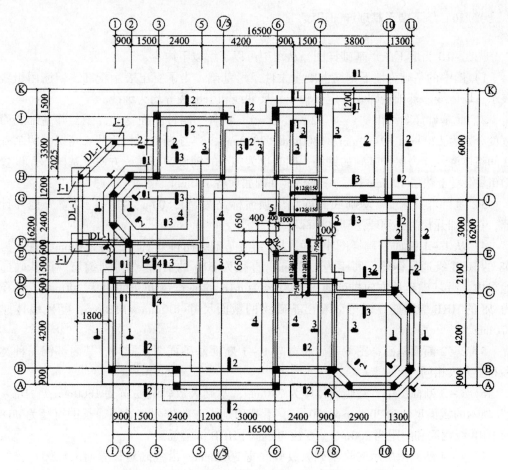

图3-9 墙下混凝土条形基础布置平面图（1:100）

图3-9为墙下混凝土条形基础布置平面图，从图中可以了解以下内容：

1）图中涂黑的矩形或块状部分表示被剖切到的建筑物构造柱。

2）图中出现的符号、代号。如 DL-1，DL 表示地梁，"1"为编号，图中有许多个"DL-1"，表明它们的内部构造相同。类似的如"J-1"，表示编号为1的由地梁连接的柱下条形基础。

3）图中基础各个部位的定位尺寸（一般均以定位轴线为基准确定构件的平面位置）和定形尺寸。如标注 1-1 剖面，所在定位轴线到该基础的外侧边线距离为 665mm，到该基础的内侧线的距离为 535mm；标注 4-4 剖面，墙体轴线居中，基础两边线到定位轴线距离均为 1000mm；标注 5-5 剖面，本为两基础的外轮廓线重合交叉，该图所示是将两基础做成一个整体，并用间距为 150mm 的 φ12 钢筋拉接。

4）图中标注的"1-1"、"2-2"等为剖切符号，不同的编号代表断面形状、细部尺寸不尽相同的不同种基础。在剖切符号中，剖切位置线注写编号数字或字母的一侧表示剖视方向。

5）⑥号定位轴线与Ⓕ号定位轴线交叉处附近的圆圈未被涂黑可以看出它非构造柱，结合其他图纸可知道它是建筑物内一个装饰柱。

实例10：墙下条形基础详图识读

图 3-10 为墙下条形基础详图，从图中可以了解以下内容：

1）图中的基础为墙下钢筋混凝土柔性条形基础，为了突出表示配筋，钢筋用粗线表示，墙体线、基础轮廓线、定位轴线、尺寸线和引出线等均为细线。

2）此基础详图给出"1-1、2-2、3-3、4-4"四种断面基础详图，其基础底面宽度分别为 1200mm、1400mm、1800mm、2000mm；5-5 断面详图为特殊情况，两基础之间整体浇筑。为保护基础的钢筋，同时也为施工时铺设钢筋弹线方便，基础下面设置 C10 素混凝土垫层 100mm 厚，每侧超出基础底面各 100mm。

3）基础埋置深度。基础底面即垫层顶面标高为 -1.500m，埋深应以室外地坪计算，在基础开挖时必须要挖到这个深度。

4）从 1-1 断面基础详图中，可以看到沿基础纵向排列着间距为 200mm、直径为 φ8 的 HRB 级通长钢筋，间距为 130mm、直径为 φ10 的 HRB 级排列钢筋。该基础的地梁内，沿基础延长方向排列着 8 根直径为 φ16 的通长钢筋，间距为 200mm、直径为 φ8 的 HRB 级箍筋。还可以看出基础梁的截面尺寸 400mm×450mm，基础墙体厚 370mm。

5）2-2 断面基础详图除基础底宽与 1-1 断面基础详图不同外，其内部钢筋种类和布置大致相同。

6）3-3 断面图中，基础墙体厚为 240mm，基础大放脚宽底宽为 1800mm，"DL-1"所示的截面尺寸为 300mm×450mm，沿基础延长方向排列着 6 根通长的直径为 φ18 的 HRB 级钢筋和间距为 200mm、直径为 φ8 的 HRB 级箍筋。

7）4-4 断面图所示的除基础大放脚底宽 2000mm，沿基础延长方向大放脚布置的间距为 120mm、直径为 φ12 的 HRB 级排筋，其他与 3-3 断面图内容大体相同。

8）5-5 断面图所示基础大放脚内布置着间距为 150mm、直径为 φ12 的 HRB 级排筋，两基础定位轴线间距为 900mm；两基础之间的部分沿基础延伸方向布置着间距为

150mm、直径为 $\phi 12$ 的 HRB 级排箍和间距为 200mm、直径为 $\phi 8$ 的 HRB 级通长钢筋，排筋分别伸入到两基础地梁内，使两基础形成一个整体。

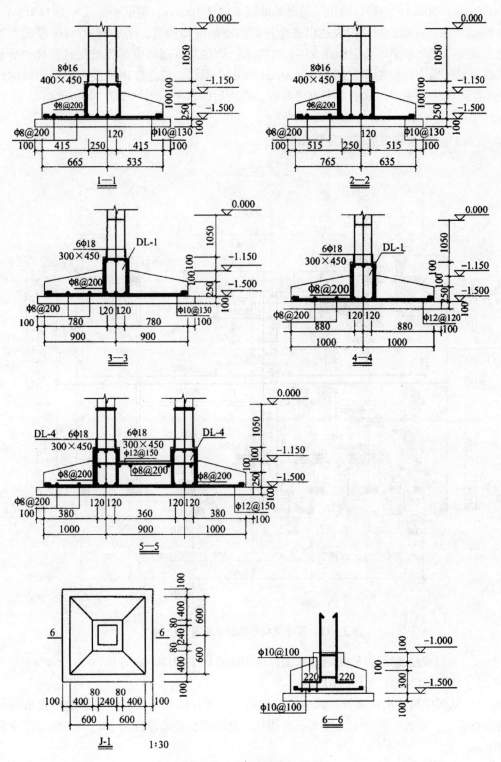

图 3－10　墙下条形基础详图

9）图 J - 1 所示的是独立基础的平面图，绘图比例为 1:30，旁边是该独立基础的断面图 6 - 6。可以看出，独立基础的柱截面尺寸为 240mm × 240mm，基础底面尺寸为 1200mm × 1200mm，垫层每边边线超出基础底部边线 100mm，垫层平面尺寸为 1400mm × 1400mm。独立基础的断面图表达出独立基础的正面内部构造，基底有 100mm 厚的素混凝土垫层，基础顶面即垫层标高为 - 1.500mm；该独立基础的内部钢筋配置情况，沿基础底板的纵横方向分别摆放间距为 100mm 的 φ10 钢筋，独立柱内的竖向钢筋因锚固长度不能满足锚固要求，故沿水平方向弯折，弯折后的水平锚固长度为 220mm。

实例 11：某建筑筏形基础平面图识读

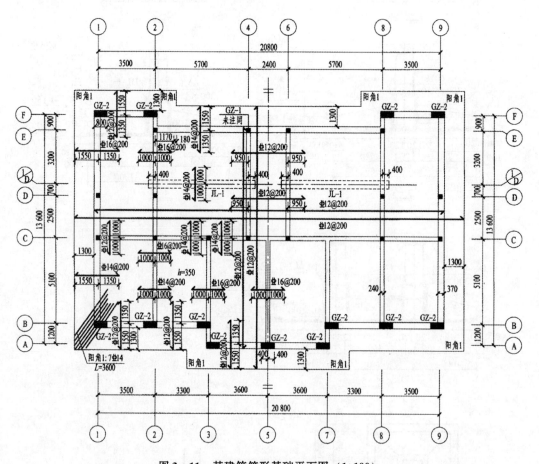

图 3 - 11　某建筑筏形基础平面图（1:100）

图 3 - 11 为某建筑筏形基础平面图，从图中可以了解以下内容：

1）该图的绘制比例为 1:100。

2）从图中可看出该建筑基础采用筏形基础。最外围一圈细实线表示整个筏形基础的底板轮廓，轴线两侧的中实线表示剖切到的基础墙，外墙厚度为 370mm，内墙厚度为 240mm。

3）墙体中涂黑的部分表示钢筋混凝土构造柱，共有 GZ - 1、GZ - 2 两种编号。在

②、④轴线之间，⑥、⑧轴线之间的细虚线表示编号 JL-1 的基础梁。

4）整个筏形基础底板的厚度为350mm。基础底板配筋一般双层双向配置贯通筋，并且底部沿梁或墙的方向需增加与梁或墙垂直的非贯通筋。该底板配筋左右对称，顶部横纵方向均配置直径为12mm 的 HRB335 级钢筋，钢筋间距200mm，钢筋伸至外墙边缘；底部横纵方向配置的钢筋与顶部相同，钢筋伸至基础底板边缘；另外板底都配置了附加非贯通钢筋。如①轴线墙上配有直径为16mm 和14mm 的 HRB335 级钢筋，两种钢筋的间距都为200mm，两侧伸出轴线的长度分别为1550mm 和1350mm。另外在每个阳角部位还配有 7 根直径为14mm 的 HRB335 级钢筋，每根长度为3600mm。

实例12：某建筑筏形基础详图识读

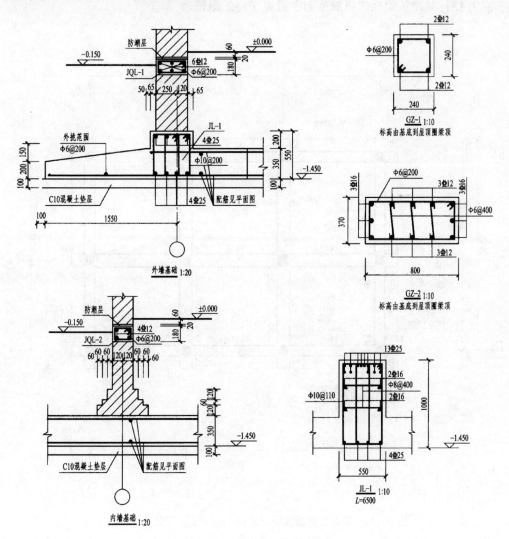

图 3-12　某建筑筏形基础详图

图 3-12 为某建筑筏形基础详图，从图中可以了解以下内容：

1）图 3-12 是图 3-11 所示筏形基础的基础详图，图中给出了外墙和内墙部位的

结构工程识图精讲100例

基础断面图和 GZ-1、GZ-2、JL-1 的配筋断面图。

2）以外墙基础详图为例进行识读。从图中可看出基础底板上方外墙厚 370mm，墙中有防潮层和基础圈梁 JQL-1，JQL-1 的截面尺寸为 370mm×180mm，底部、顶部分别配置 3 根直径 16mm 的 HRB335 级钢筋，箍筋为直径 6mm 间距 200mm 的 HPB300 级钢筋。墙下为编号 JL-1 的基础梁，基础梁底部与顶部各配置 4 根直径 25mm 的 HRB335 级钢筋，箍筋为直径 10mm 间距 200mm 的 HPB300 级钢筋，基础梁底部与基础底板底部一平，"一平"是指在同一个平面上。图中外挑部位为坡形，底部配置直径 6mm 的 HPB300 级分布筋。由于底板的配筋在平面图中已表示清楚，故在断面图中并未标注。基础各部位的尺寸、标高图中都已标出。

实例 13：某建筑梁板式筏形基础主梁平法施工图识读

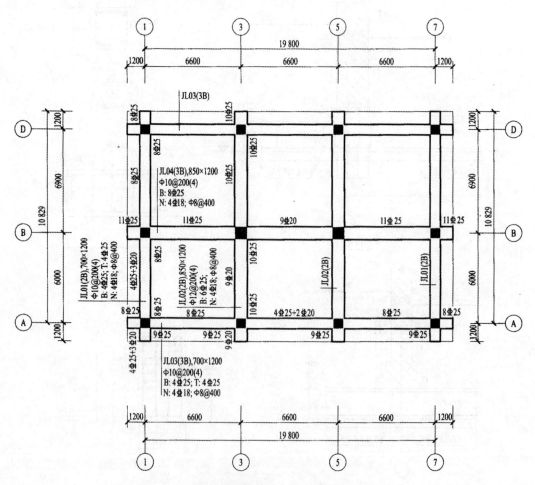

图 3-13　某建筑梁板式筏形基础主梁平法施工图（1:100）

图 3-13 为某建筑梁板式筏形基础梁平法施工图，从图中可以了解以下内容：

1）该基础的基础主梁有四种编号，分别为 JL01、JL02、JL03、JL04。

2）识读 JL01。JL01 共有两根，①轴位置的 JL01 进行了详细标注，⑦轴位置的

JL01 只标注了编号。

先识读集中标注。从集中标注中可看出，该梁为两跨两端有外伸，截面尺寸为700mm×1200mm。箍筋为直径10mm的HPB300级钢筋，间距200mm，四肢箍。梁的底部和顶部均配置了4根直径为25mm的HRB400级贯通纵筋。梁的侧面共配置了4根直径为18mm的HRB400级抗扭钢筋，每侧配置2根，抗扭钢筋的拉筋为直径8mm、间距400mm的HPB300级钢筋。

再识读原位标注。从原位标注中可看出，在Ⓐ、Ⓑ轴线之间的第一跨及外伸部位，标注了顶部贯通纵筋修正值，梁顶部共配置了7根贯通纵筋，有4根为集中标注的4Φ25，另外3根为3Φ20，梁底部支座两侧（包括外伸部位）均配置8根直径为25mm的HRB400级钢筋，其中4根为集中标注注写的贯通纵筋，另外4根为非贯通纵筋。在Ⓑ、Ⓓ轴线之间的第二跨及外伸部位，梁顶部通长配置了8根直径25mm的HRB400级钢筋（包括集中标注中注写的4根贯通纵筋），梁底部支座处配筋同第一跨。

3）识读JL04。从集中标注中可看出，基础梁JL04为3跨两端有外伸，截面尺寸为850mm×1200mm。箍筋为直径10mm的HPB300级钢筋，间距200mm，四肢箍。梁底部配置了8根直径为25mm的HRB400级贯通纵筋，顶部无贯通纵筋。梁的侧面共配置了4根直径18mm的HRB400级抗扭钢筋，每侧配置2根，抗扭钢筋的拉筋为直径8mm、间距400mm的HPB300级钢筋。

从原位标注中可知，梁各跨底部支座处均未设置非贯通纵筋。对于梁顶部的纵筋，第一跨、第三跨及两端外伸部位顶部配置了11Φ25，第二跨顶部配置了9Φ20。

实例14：某建筑梁板式筏形基础平板平法施工图识读

图3-14为某建筑梁板式筏形基础平板平法施工图，从图中可以了解以下内容：

1）图3-14是与图3-13对应的梁板式筏形基础平板的平面布置图及外墙基础详图。从图中基础平板LPB的集中标注可以看出，整个基础底板为一个板区，厚度为550mm。基础平板X方向上底部与顶部均配置直径为16mm的HRB400级贯通纵筋，间距为200mm；贯通纵筋纵向总长度为3跨两端有外伸。基础平板Y方向上底部与顶部也均配置直径为16mm的HRB400级贯通纵筋，间距为200mm；贯通纵筋纵向总长度为两跨两端有外伸。

2）从基础平板的原位标注可以看出，在平板底部设有附加非贯通纵筋。下面以①号钢筋为例进行识读。①号附加非贯通纵筋在Ⓐ、Ⓑ轴线之间，沿①轴线方向布置，配置直径为16mm的HRB400级钢筋，间距为200mm。①号钢筋仅布置1跨，一端向跨内的伸出长度为1650mm，另一端布置到基础梁的外伸部位。沿⑦轴线布置的①号钢筋只注写了编号。

3）外墙基础详图主要表示钢筋混凝土外墙的位置、尺寸、配筋等情况。外墙厚度为300mm，墙内皮位于轴线上。墙身内配置了2排钢筋网，内侧一排钢筋网中，竖向分布钢筋和水平分布钢筋均为Φ12@200；外侧一排钢筋网中，竖向分布钢筋为Φ14@200，水平分布钢筋为Φ12@200，两侧竖向分布钢筋锚固入基础底部。墙内梅花形布置了直径为6mm的间距为400mm×400mm的HPB300级钢筋作为拉筋。

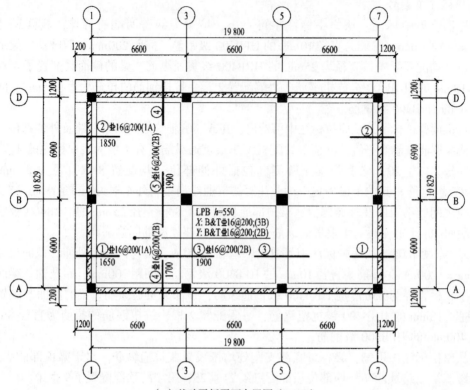

（a）基础平板平面布置图（1:100）

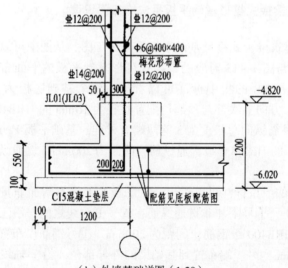

（b）外墙基础详图（1:20）

图 3-14 某建筑梁板式筏形基础平板平法施工图

实例 15：桩位布置平面图识读

图 3-15 为桩位布置平面图，从图中可以了解以下内容：

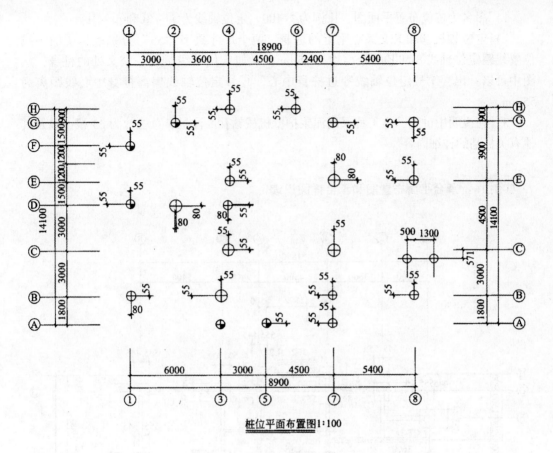

桩位平面布置图1:100

说明:

1. 本工程采用泥浆护壁机械钻孔灌注桩基础,为摩擦端承柱。本工程设计总桩数 23 根。

   ⊕ 设计有效桩长大约为 8.0m(不包括桩顶超灌长度),桩端必须进入②卵石层中,有效嵌入深 0.8m。

   ⊕ ⊕ 设计有效桩长大约为 15.8m(不包括桩顶灌长度),桩端必须穿过②夹层进入②卵石层中,有效嵌入深 0.8m.

2. 用 ⊕ 表示 ϕ600 直径桩为 4 根,桩基单桩竖向抗压承载力特征值 R_a 为 370kN;

   用 ⊕ 表示 ϕ600 直径桩为 13 根,桩基单桩竖向抗压承载力特征值为 R_a 为 887kN;

   用 ⊕ 表示 ϕ800 直径桩为 5 根,桩基单桩竖向抗压承载力特征值为 R_a 为 1370kN;

   均按建筑地基基础设计规范取值。

3. 桩身混凝土强度等级为 C25,混凝土坍落度为 180~220mm,水灰比不大于 0.5。

   桩身混凝土灌注充盈系数应大于或等于 1.2,孔底沉渣厚度应小于 100mm。

4. 钢筋笼长度均为通长,不包括锚入承台长度 500mm,钢筋保护层厚度为 50mm。桩顶嵌入承台 50mm。

   ⊕ ⊕ ϕ600 桩配筋为 6ϕ14,ϕ8@250 螺旋箍(桩顶 2400mm 范围箍筋加密为 ϕ8@150),并且设 ϕ12@2000 加劲箍。

   ⊕ ϕ800 桩配筋为 8ϕ14,ϕ8@250 螺旋箍(桩顶 3500mm 范围箍筋加密为 ϕ8@150),并且设 ϕ12@2000 加劲箍。

5. 本工程设计桩顶标高 -1.500m 为特定标高,故桩长设计均暂从勘察报告的孔口高程向下算起。

6. 沉降观测点详见基础平面图,用 ϕ20 螺纹钢制作,外做 ϕ16 保护圈,并要层层观测,做好记录。

7. 本工程基桩检测程序及单桩竖向承载力检测按《建筑基桩检测技术规范》JGJ 106—2014,待检测符合设计要求后方可进行工程桩施工。

图 3-15 桩位布置平面图

1）图名为桩位布置平面图，比例为1:100。定位轴线为①～⑧和Ⓐ～Ⓗ。

2）定位轴线⑧和Ⓔ交叉点附近的桩身，两个尺寸数字"55"分别表示桩的中线位置线距定位轴线⑧和Ⓔ的距离均为55mm。又如定位轴线⑦和Ⓖ交叉处的桩身，从图中可以看出，⑦号定位轴线穿过桩身中心，Ⓖ号定位轴线偏离桩身中心线距离为55mm。

3）在说明中讲到，本工程采用泥浆护壁机械钻孔灌注桩，总桩数为23根，以及其他有关桩基的详细内容。

实例16：承台平面布置图和承台详图识读

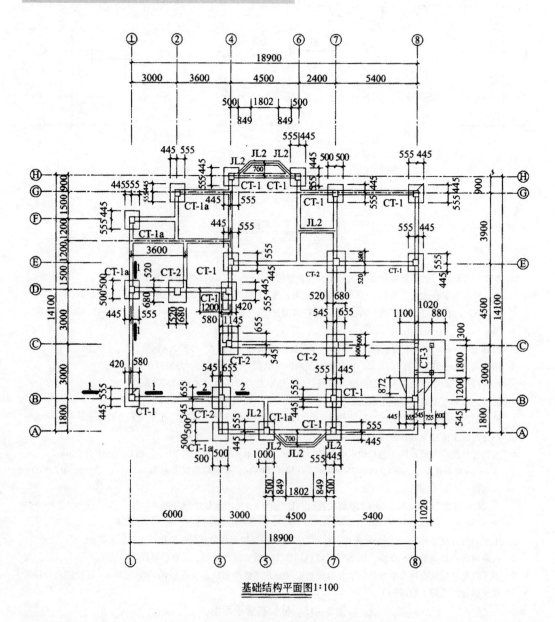

基础结构平面图1:100

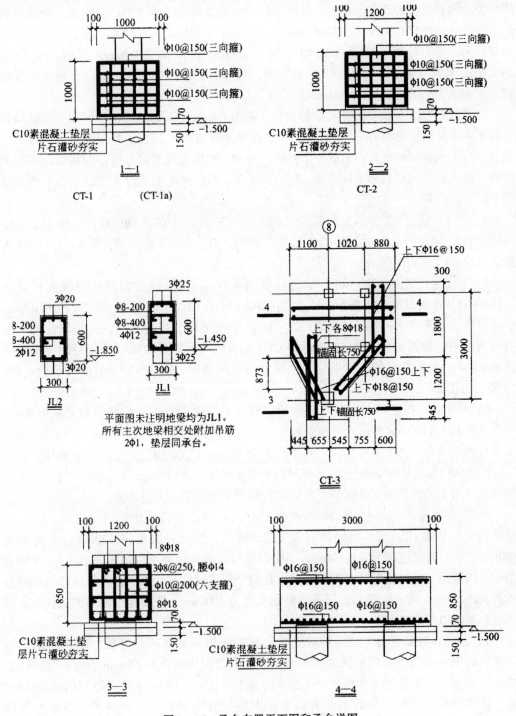

图 3-16 承台布置平面图和承台详图

图 3-16 为承台布置平面图和承台详图，从图中可以了解以下内容：

1）图名为基础结构布置图，绘图比例为 1：100，以及后面的承台详图和地梁剖面图。

2）CT 为独立承台的代号，图中出现的此类代号有 "CT-1a、CT-1、CT-2、CT-

3"，表示四种类型的独立承台。承台周边的尺寸可以表达出承台中心线偏离定位轴线的距离以及承台外形几何尺寸。如图中定位轴线①号与⑧号交叉处的独立承台，尺寸数字"420"和"580"表示承台中心向右偏移出①号定位轴线80mm，承台该边边长1000mm；从尺寸数字"445"和"555"中，可以看出该独立承台中心向上偏移出⑧号轴线55mm，承台该边边长1000mm。

3）"JL1、JL2"代表两种类型的地梁，从JL1剖面图下附注的说明可知，基础结构平面图中未注明地梁均为JL1，所有主次梁相交处附加吊筋2φ14，垫层同垫台。地梁连接各个独立承台，并把它们形成一个整体，地梁一般沿轴线方向布置，偏移轴线的地梁标有位移大小。剖切符号1-1、2-2、3-3表示承台详图中承台在基础结构平面布置图上的剖切位置。

4）图1-1、2-2分别为独立承台CT-1、CT-1a、CT-2的剖面图。图JL1、JL2分别为JL1、JL2的断面图。图CT-3为独立承台CT-3的平面详图，图3-3、4-4为独立承台CT-3的剖面图。

5）从1-1剖面图中，可知承台高度为1000mm，承台底面即垫层顶面标高为-1.500m。垫层分上、下两层，上层为70mm厚的C10素混凝土垫层，下层用片石灌砂夯实。由于承台CT-1与取右CT-1a的剖面形状、尺寸相同，只是承台内部配置有所差别，如图中φ10@150为承台CT-1的配筋，其旁边括号内注写的三向箍为承台CT-1a的内部配筋，所以当选用括号内的配筋时，图1-1表示的为承台CT-1a的剖面图。

6）从平面详图CT-3中，可以看出该独立承台由两个不同形状的矩形截面组成，一个是边长为1200mm的正方形独立承台，另一个为截面尺寸为2100mm×3000mm的矩形双柱独立承台。两个矩形部分之间用间距为150mm的φ8钢筋拉结成一个整体。图中"上下φ16@150"表示该部分上下部分两排钢筋均为间距150mm的φ16钢筋，其中弯钩向左和向上的钢筋为下排钢筋，弯钩向右和向下的钢筋为上排钢筋。

7）剖切符号3-3、4-4表示断面图3-3、4-4在该详图中的剖切位置。从3-3断面图中可以看出，该承台断面宽度为1200mm，垫层每边多出100mm，承台高度850mm，承台底面标高为-1.500m，垫层构造与其他承台垫层构造相同。从4-4断面图中可以看出，承台底部所对应的垫层下有两个并排的桩基，承台底部与顶部均纵横布置着间距150mm的φ16钢筋，该承台断面宽度为3000mm，下部垫层两外侧边线分别超出承台宽两边线100mm。

8）CT-3为编号为3的一种独立承台结构详图。A实际是该独立承台的水平剖面图，图中显示两个不同形状的矩形截面。它们之间用间距为150mm的φ8钢筋拉结成一个整体。该图中上下φ16@150表达的是上下两排16的钢筋间距150mm均匀布置，图中钢筋弯钩向左和向上的表示下排钢筋，钢筋弯钩向右和向下的表示上排钢筋。还有，独立承台的剖切符号3-3、4-4分别表示对两个矩形部分进行竖直剖切。

9）JL1和JL2为两种不同类型的基础梁或地梁。

10）JL1详图是该种地梁的断面图，截面尺寸为300mm×600mm，梁底面标高为-1.450m；在梁截面内，布置着3根直径为φ25的HRB级架立筋，3根直径为φ25的HRB级受力筋，间距为200mm、直径为φ8的HPB级箍筋，4根直径为φ12的HPB级的腰筋和间距 100mm、直径为 φ8 的 HPB 级的拉筋。

11) JL2 详图截面尺寸为 300mm × 600mm，梁底面标高为 - 1.850m；在梁截面内，上部布置着 3 根直径为 φ20 的 HRB 级的架立筋，底部为 3 根直径为 φ20 的 HRB 级的受力钢筋，间距为 200mm、直径为 φ8 的 HPB 级的箍筋，2 根直径为 φ12 的 HPB 级的腰筋和间距为 400mm、直径为 φ8 的 HPB 级的拉箍。

实例 17：楼梯结构平面图识读（一）

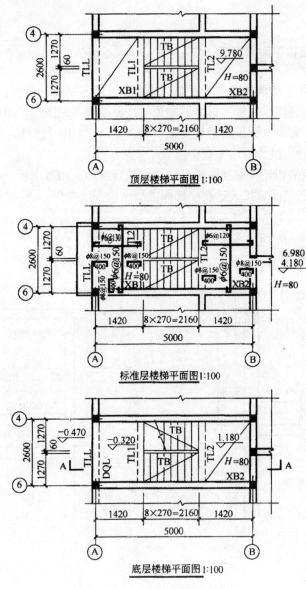

图 3 - 17　楼梯结构平面图

图 3 - 17 为楼梯结构平面图，从图中可以了解以下内容：

1) 图中所示的楼梯结构平面图共有 3 个，分别是底层平面、标准层平面和顶层平面，比例均为 1:100。此楼梯位在Ⓐ ~ Ⓑ轴线和④ ~ ⑥间。

2）楼梯平台板、楼梯梁和梯段板都为现浇，图中画出了现浇板内的配筋，梯段板和楼梯梁另有详图画出，因此在平面图上只注明代号和编号。

3）从图上可看出，梯段板只有一种，代号 TB，长 2160mm，宽 1270mm；楼梯梁有两种 TL1 和 TL2；每层有楼梯连梁 TLL；底层有地圈梁 DQL。XB1、XB2 分别为两个现浇休息平台板的编号，在标准层楼梯平面图上相应的位置，把 XB1、XB2 的配筋情况均已图示出，故不需另绘板的配筋图。

4）从图中可以看到，每层楼面的结构标高均注明，并标注现浇板的厚度 $H = 80mm$。

实例18：楼梯结构平面图识读（二）

图3-18 为某住宅楼楼梯结构平面图，从图中可以了解以下内容：

1）该图分别为底层、二层、标准层和顶层楼梯结构平面图，绘图比例均为 1:50。

2）从图中可以看出，梯段板为现浇板，有 TB-1、TB-2、TB-3、TB-4 四种编号，其位置和水平投影尺寸可由图查得。

3）与楼梯板两端相连接的楼层平台和休息平台板均采用现浇板，有 PB-1、PB-2 两种编号，板的配筋情况直接表达在楼梯标准层结构平面图中。

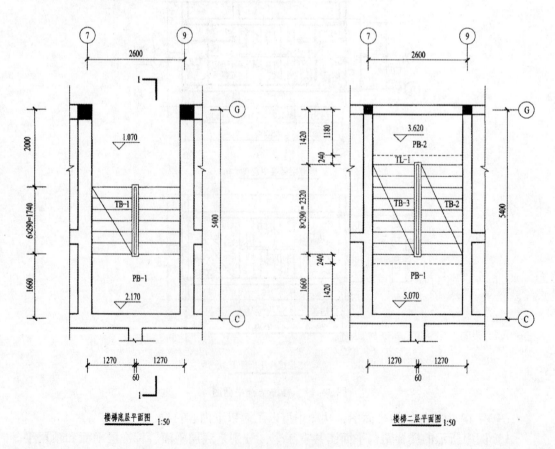

楼梯底层平面图 1:50　　　　　　　楼梯二层平面图 1:50

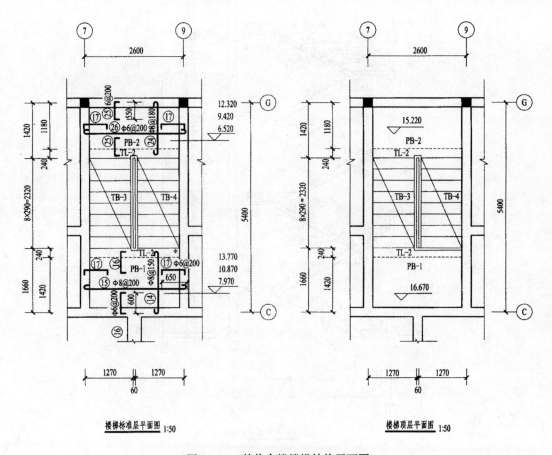

图 3 – 18 某住宅楼楼梯结构平面图

注：平台板厚 80 负筋分布筋 φ6@200。

4）楼梯梁有 TL – 1、TL – 2 两种编号，其构件详图另有表达。

5）图中标出了楼层和休息平台的结构标高，如二层楼梯结构平面图中的休息平台顶面结构标高 3.620m、楼层面结构标高 5.070m 等。

6）在底层楼梯结构平面图中还需标注楼梯结构剖面图的剖切符号。

实例 19：楼梯结构剖面图识读（一）

图 3 – 19 为楼梯结构剖面图，从图中可以了解以下内容：

1）图中所示 A – A 剖面图的剖切符号表示在底层楼梯结构平面图中。表示了剖到的梯段板、楼梯平台、楼梯梁和未剖到的可见梯段板的形状以及连接情况。

2）图线与建筑剖面图相同，剖到的梯段板不再涂黑表示。

3）此图中把梯段板的配筋图直接表示在剖面图中。

4）在图中还标注出梯段外形尺寸、楼层高度（2800mm）、楼体平台结构标高（ – 0.470、1.180、4.180 等）。

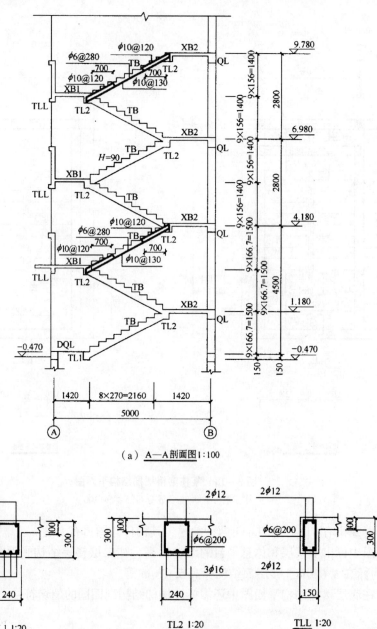

（a）A—A剖面图1:100

（b）TL1、TL2、TLL剖面图

图3-19 楼梯结构剖面图

📎 **实例20：楼梯结构剖面图识读（二）**

图3-20为楼梯的1-1剖面图，从图中可以了解以下内容：

该楼梯类型为板式楼梯，图中表明了剖切到的梯段板（TB-2、TB-4）、楼梯梁（TL-1、TL-2）、平台板和未剖切到的可见的梯段板（TB-1、TB-3）的形状、尺寸和竖向联系情况，并标注了各楼层板、平台板的结构标高。

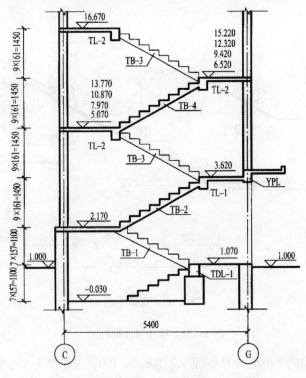

图 3 – 20 楼梯的 1 – 1 剖面图 (1 : 50)

📎 **实例 21：楼梯梯段板配筋图识读**

图 3 – 21 为楼梯梯段配筋图，从图中可以了解以下内容：

1）从图 3 – 21 中的 TB – 3 配筋图中可见，该梯段板有 8 个踏步，每个踏面宽 290mm，总宽 2320mm。

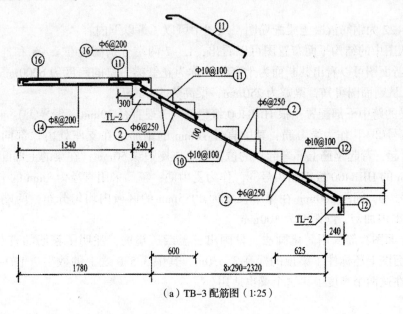

（a）TB–3 配筋图（1 : 25）

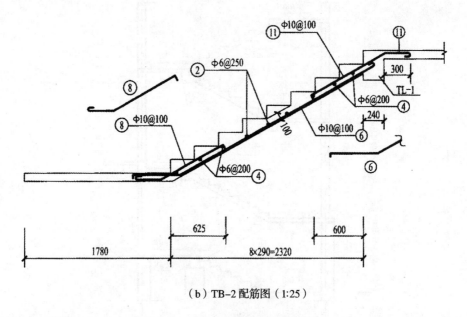

（b）TB–2配筋图（1:25）

图3－21　楼梯梯段配筋图

2）梯段板底层的受力筋为⑩号筋，采用φ10@100，分布筋为②号筋，采用φ6@250，在梯段板的上端顶层配置了⑪号筋φ10@100，分布筋为②号筋φ6@250，梯段板的下端顶层配置了⑫号筋φ10@100，分布筋为②号筋φ6@250。

3）在配筋复杂的情况下，钢筋的形状和位置有时图中不能表达得非常清楚，应在配筋图外相应位置增加钢筋详图，如图中的⑪号钢筋。TB－2配筋图的分析同TB－3配筋图。

📎 实例22：钢筋混凝土梁配筋图识读（一）

图3－22为钢筋混凝土梁配筋图，从图中可以了解以下内容：

1）从图中的结构平面布置图可以看出，L－7两端分别搁置在L－8和外墙的构造柱上，由断面图可以看出其断面为十字型，称为花篮梁。梁的跨度为6000mm，梁长为5755mm。从断面图可知，梁宽为250mm，梁高为550mm。

2）梁的跨中下部配置4根HRB400级钢筋［3根直径20mm（编号①）＋1根直径14mm（编号②）］作为受力筋；其中直径14mm的钢筋②在支座处由顶部向梁下部按45°方向弯起，弯起钢筋上部弯起点的位置距离支座边缘50mm；在梁的上部配置2根直径为14mm的HRB400级钢筋编号③，作为受力筋；箍筋采用直径为8mm的HPB300级钢筋，编号④，间距200mm在梁中长度为4055mm的区域内均匀分布，两端靠近支座850mm范围内加密，间距变为100mm。

3）立面图箍筋采用简化画法，只画出三至四道箍筋，注明了箍筋的直径和间距。另外在立面图上还标注了梁顶的标高3.530m，其中3.530之上的数字7.130和10.730分别表示在这两个高度上，这个梁也适用。

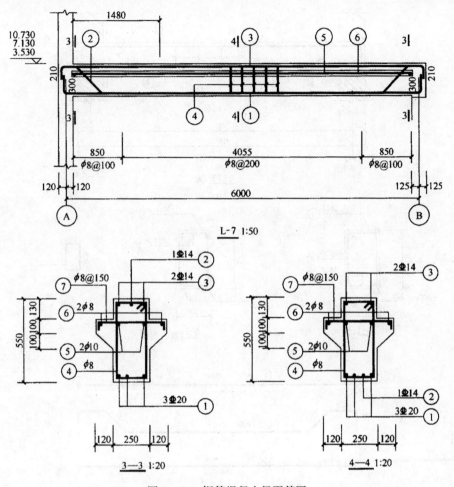

图 3 – 22　钢筋混凝土梁配筋图

实例 23：钢筋混凝土梁配筋图识读（二）

图 3 – 23 为钢筋混凝土梁配筋图，从图中可以了解以下内容：

1）配筋立面图［图 3 – 23（a）］。由立面图可知梁的外形尺寸，梁的两端搁置在砖墙上，该梁共配置四种钢筋：①、②号钢筋为受力筋，位于梁下部，通长配置，其中②号钢筋为弯起钢筋，其中间段位于梁下部，在两端支座处弯起到梁上部，图中注出了弯起点的位置；③号钢筋为架立筋，位于梁上部，通长配置；④号钢筋为箍筋，沿梁全长均匀布置，在立面图中箍筋采用了简化画法，在适当位置画出三四根即可。

2）配筋断面图［图 3 – 23（b）］。断面图表达了梁的断面形状尺寸，注明了各种钢筋的编号、根数、强度等级、直径、间距等。1 – 1 断面表达了梁跨中的配筋情况，该处梁下部有三根受力筋，直径 20mm，均为 HRB400 级钢筋，两根①号钢筋在外侧，中间一根为②号弯起钢筋；梁上部是两根③号架立筋，直径 12mm，为 HPB300 级钢筋；箍筋为 HPB300 级钢筋，直径为 6mm，中心间距为 200mm。2 – 2 断面表达了梁两端支座处的配筋情况。可以看出，梁下部只有两根①号钢筋，②号钢筋弯起到梁上部，其他钢筋没有变化。

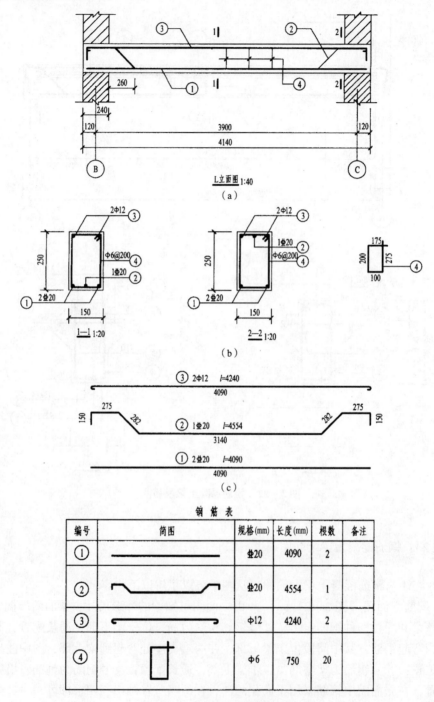

图 3 – 23 　钢筋混凝土梁配筋图

3）钢筋大样图 ［图 3 – 23（c）］。钢筋大样图画在与立面图相对应的位置，比例与立面图一致。每个编号只画出一根钢筋，标注编号、根数、强度等级、直径和钢筋上各段长度及单根长度。计算各段长度时，箍筋尺寸为内皮尺寸，弯起钢筋的高度尺寸为外皮尺寸。

4）钢筋表。为了便于钢筋用量的统计、下料和加工，要列出钢筋表。简单构件可不画钢筋大样图和钢筋表。

实例24：柱平法施工图识读（列表注写方式）

图3-24为柱平法施工图（列表注写方式），从图中可以了解以下内容：

1）柱表中"KZ1"表示编号为1的框架柱，"XZ1"表示编号为1的芯柱。

2）数值"750×700"表示$b = 750mm$，$h = 700mm$。

3）$b_1 = 375mm$，$b_2 = 375mm$，$h_1 = 150mm$，$h_2 = 550mm$，四个数据用来定位柱中心与轴线之间的关系。

4）角筋是布置于框架柱四个柱角部的钢筋。

5）箍筋类型1中：m表示b方向钢筋根数，n表示h方向钢筋根数。

6）"$\phi10@100/200$"表示钢筋直径为10mm，钢筋强度等级为HPB235级，箍筋在柱的加密区范围内间距为100mm，非加密区间距为200mm。用斜线"/"将箍筋加密区与非加密区分隔开来。

7）第二行框架柱中全部纵筋为：角筋4$\underline{\Phi}$22，b截面中部配有5$\underline{\Phi}$22，h截面中部配有4$\underline{\Phi}$20，箍筋类型Ⅰ（4×4）。

8）箍筋"$\phi10@100$"表示框架柱高范围内配置箍筋直径为10mm，钢筋强度等级为HPB235级（光圆钢筋），柱全高度范围内加密，加密间距为100mm。

实例25：柱平法施工图识读（截面注写方式）

图3-25为柱平法施工图（截面注写方式），从图中可以了解以下内容：

1）ⓒ轴线交于③轴线处，KZ1表示编号为1的框架柱；650×600表示框架柱截面尺寸$b \times h$，$b = 650mm$，$h = 600mm$；4$\underline{\Phi}$22表示框架柱角部配置钢筋直径为22mm，钢筋强度等级为HRB335级的角筋；$\phi10@100/200$表示框架柱中配置有钢筋强度等级为HPB235级、钢筋直径为10mm的箍筋，箍筋加密区间距为100mm，箍筋非加密区间距为200mm；框架柱截面上下两边中部各配置（均匀布置）有五根钢筋强度等级为HRB335级、钢筋直径为22mm的纵向钢筋；框架柱截面左右两边中部各配置（均匀布置）有四根钢筋强度等级为HRB335级、钢筋直径为20mm的纵向钢筋。

2）Ⓐ轴线交于④轴线处：KZ2表示框架柱编号为2；650×600表示框架柱截面尺寸$b \times h$，$b = 650mm$，$h = 600mm$；22$\underline{\Phi}$22表示框架柱纵向配置22根钢筋直径为22mm、钢筋强度等级为HRB335级的受力钢筋，其中4根钢筋布置于柱截面的四个角部，剩余18根钢筋的位置以柱截面中钢筋的布置示意位置为准；$\phi10@100/200$表示框架柱中配置有钢筋强度等级为HPB235级、钢筋直径为10mm的箍筋，箍筋加密区间距为100mm，箍筋非加密区间距为200mm。

3）平面图中框架柱配筋使用范围为第一、二、三楼层（楼层标高从$-0.030m \sim$12.270m，共三层）。第一层柱高为4.50m，第二层柱高为4.20m，第三层柱高为3.60m。

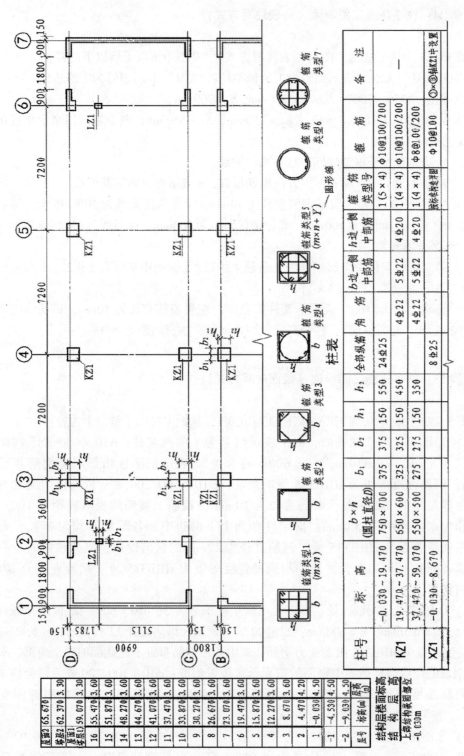

图 3-24　柱平法施工图（列表注写方式）

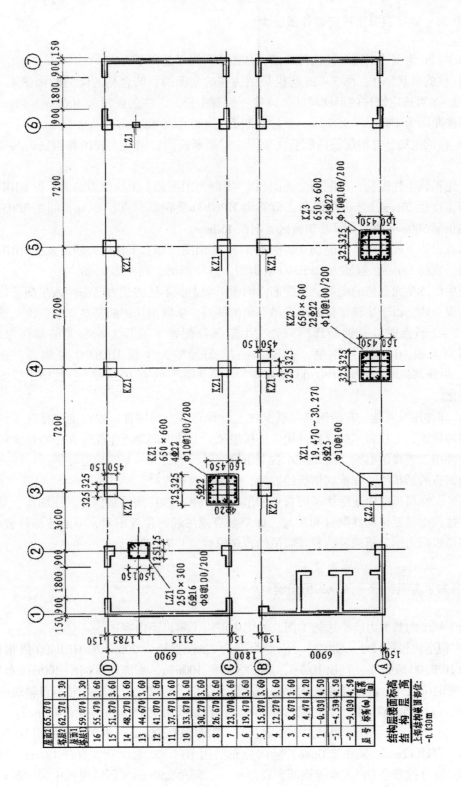

图 3-25 柱平法施工图(截面注写方式)

实例 26：钢筋混凝土柱构件详图识读

图 3-26 为钢筋混凝土柱构件详图，从图中可以了解以下内容：

1）柱的形状尺寸。图 3-26 的模板图为柱的立面图，结合柱的配筋断面图 1-1、2-2、3-3 可确定该柱的形状尺寸。该柱一侧有牛腿，上柱的断面为 400mm×400mm，牛腿部位断面为 400mm×950mm，下柱的断面为 400mm×600mm。

2）柱的配筋。柱的配筋由配筋立面图、配筋断面图、钢筋大样图和钢筋表共同表达。

首先识读上柱配筋，由配筋立面图和 1-1 断面图可知，上柱受力筋为 4 根 HRB400 级钢筋，直径 20mm，分布在四角，箍筋为 HPB300 级钢筋，直径 8mm，间距 200mm，距上柱顶部 500mm 范围是箍筋加密区，间距 150mm。

然后识读下柱配筋，由配筋立面图和 3-3 断面图可知，下柱受力筋为 8 根 HRB400 级钢筋，直径 18mm，箍筋为 HPB300 级钢筋，直径 8mm，间距 200mm。

最后识读牛腿部位的配筋，由配筋立面图可知上、下柱的受力筋都伸入牛腿，使上下柱连成一体。由于牛腿部位要承受吊车梁的荷载，所以该处钢筋需要加强，由配筋立面图、2-2 断面图以及钢筋详图可知，牛腿部位配置了编号为⑨和⑩的加强弯筋，⑨号筋为 4 根 HRB400 级钢筋，直径 14mm，⑩号筋为 3 根 HRB400 级钢筋，直径 14mm。牛腿部位的箍筋为 HPB300 级钢筋，直径 8mm，间距 100mm，形状随牛腿断面逐步变化。

3）埋件图及其他。在该钢筋混凝土柱上设计有多个预埋件。模板图中标注了预埋件的确切位置，上柱顶部的预埋件用于连接屋架，上柱内侧靠近牛腿处和牛腿顶面的两个预埋件用于连接吊车梁。图 3-26 右上角给出了预埋件 M-1 的构造详图，详细表达了预埋钢板的形状尺寸和锚固钢筋的数量、强度等级和直径。

另外，在模板图中还标注了翻身点和吊装点。由于该柱是预制构件，在制作、运输和安装过程中需要将构件翻身和吊起，如果翻身或吊起的位置不对，可能使构件破坏，因此需要根据力学分析确定翻身和起吊的合理位置，并进行标记。

实例 27：某剪力墙平法施工图识读

图 3-27 为某剪力墙平法施工图，从图中可以了解以下内容：

1）构造边缘端柱 2（GBZ2）。纵筋全部为 22 根直径为 20mm 的 HRB400 级钢筋；箍筋为 HPB300 级钢筋，直径 10mm，加密区间距 100mm、非加密区间距 200mm 布置；X 向截面定位尺寸，自轴线向左 900mm；凸出墙部位，X 向截面定位尺寸，自轴线向两侧各 300mm；凸出墙部位，Y 向截面定位尺寸，自轴线向上 150mm，向下 450mm。

2）剪力墙 1 号（Q1）（设置 2 排钢筋）。墙身厚度 300mm；水平分布筋用 HPB300 级钢筋，直径 12mm，间距 250mm；竖向分布筋用 HPB300 级钢筋，直径 12mm，间距 250mm；墙身拉筋是 HPB300 级钢筋，直径 6mm，间距 250mm（图纸说明中会注明布置方式）。

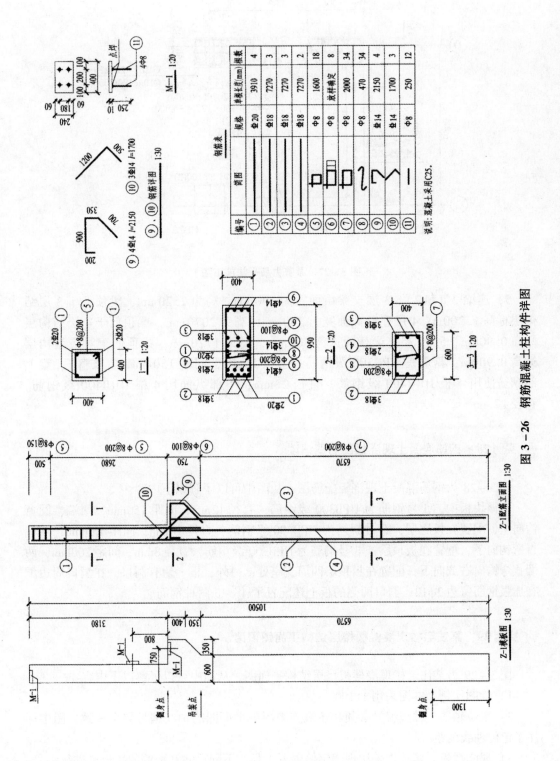

图 3 - 26　钢筋混凝土柱构件详图

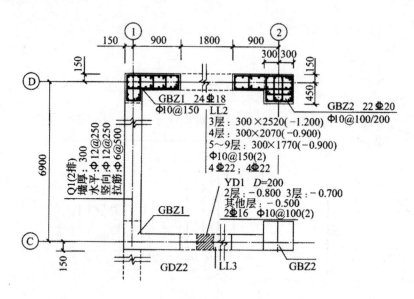

图 3-27　某剪力墙平法施工图

3) 连梁 2 (LL2)。3 层连梁截面宽为 300mm, 高为 2520mm, 梁顶低于 3 层结构层标高 1.200m; 4 层连梁截面宽为 300mm, 高为 2070mm, 梁顶低于 4 层结构层标高 0.900m; 5~9 层连梁截面宽为 300mm, 高为 1770mm, 梁顶低于对应结构层标高 0.900m; 箍筋是 HPB300 级钢筋, 直径 10mm, 间距 150mm (2 肢箍); 梁上部纵筋使用 4 根 HRB400 级钢筋, 直径 22mm; 下部纵筋用 4 根 HRB400 级钢筋, 直径 22mm。

实例 28: 钢筋混凝土现浇板配筋图识读

图 3-28 为钢筋混凝土现浇板配筋图, 从图中可以了解以下内容:

在该块板中, ①号钢筋为 HPB300 级钢筋, 直径 12mm, 间距 150mm, 两端半圆弯钩向上, 配置在板底层; ②号钢筋为 HPB300 级钢筋, 直径 10mm, 间距 150mm, 两端直弯钩向下, 配置在板顶层; ③号钢筋为 HPB300 级钢筋, 直径 8mm, 间距 200mm, 两端直弯钩向右或向下, 配置在板顶层四周支座处; 另外, 板上留有洞口, 在洞口周边配有加强钢筋每边 2ϕ12, 洞口两侧的板上还配置了④、⑤两种钢筋。

实例 29: 某住宅楼现浇楼板楼层结构平面图识读

图 3-29 为某住宅楼现浇楼板楼层结构平面图, 从图中可以了解以下内容:

1) 绘图比例。本图采用 1:100。

2) 定位轴线。轴线编号必须和建筑施工图中平面图的轴线编号完全一致, 图中标注了定位轴线间距。

3) 现浇楼板。楼板均采用现浇钢筋混凝土板, 不同尺寸和配筋的楼板要进行编号, 即在楼板的总范围内用细实线画一条对角线并在其上标注编号, 如图 3-29 所示。现浇

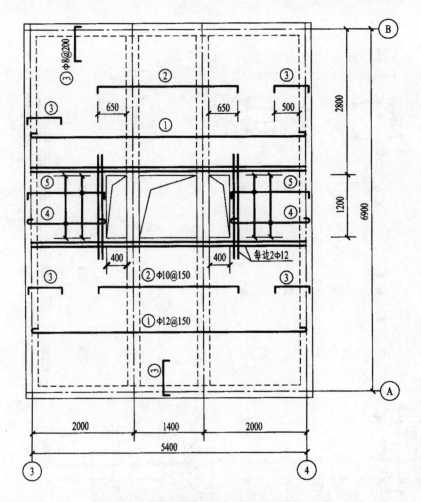

图 3 - 28 钢筋混凝土现浇板配筋图

楼板的钢筋配置采用将钢筋直接画在平面图中的表示方法，如④～⑥轴之间的楼板
B - 8，板厚为 110mm，板底配置双向受力钢筋，HPB300 级，直径 8mm，间距 150mm，
四周支座顶部配置有直径 8mm、间距 200mm 和直径 12mm、间距 200mm 的 HPB300 级
钢筋。

　　每一种编号的楼板，钢筋布置只需详细地画出一处，其他相同的楼板可简化表示，
仅标注编号即可。从图 3 - 29 中可看出，该层结构平面布置左右对称，因此，左半部分
楼板表达详尽，右半部分只标注了每块楼板相应的编号。

　　4）梁。图中标注了圈梁（QL）、过梁（GL）、现浇梁（XL）、现浇连梁（XLL）
的位置及编号。为了图面清晰，只有过梁用粗点划线画出其中心位置。对于圈梁常需另
外画出圈梁布置简图。各种梁的断面大小和配筋情况由详图来表明，本例中给出了
QL - 1、QL - 2、QL - 3 的断面图，可知其尺寸、配筋、梁底标高等。

　　5）柱。图中涂黑的小方块为剖切到的柱子。

　　6）楼梯间的结构布置另有详图表示。

　　7）文字说明。图样中未表达清楚的内容可用文字进行补充说明。

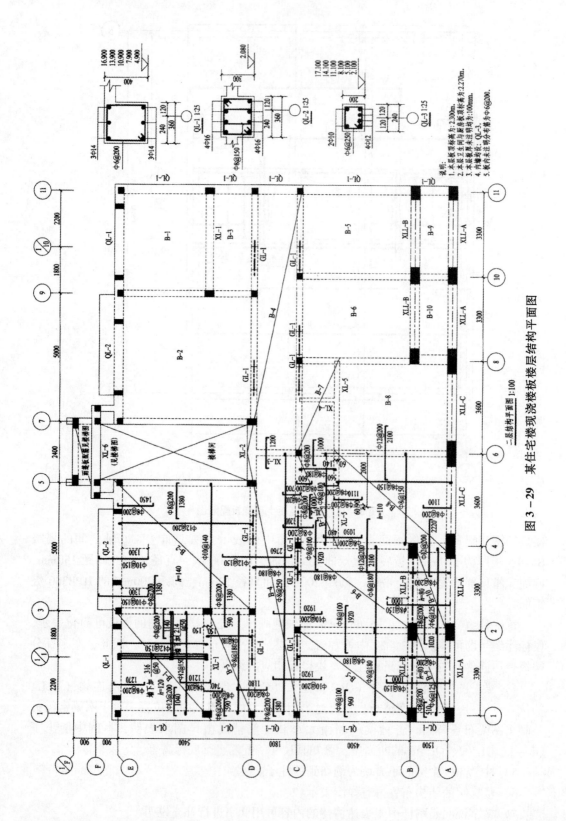

图 3—29 某住宅楼现浇楼板结构平面图

实例30：某住宅楼预制楼板楼层结构平面图识读

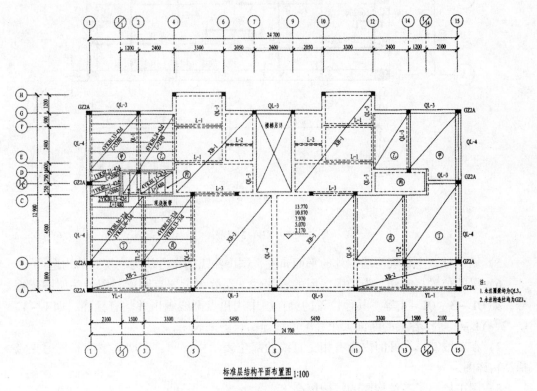

图3-30　某住宅楼预制楼板楼层结构平面图

图3-30为某住宅楼预制楼板楼层结构平面图，从图中可以了解以下内容：

1）图名、比例。该图为某住宅楼标准层结构平面布置图，绘图比例为1:100。

2）轴网及构件的整体布置。注意与其他层结构平面图对照。

3）预制板的平面布置。如图中①～②轴房间的预制板都是垂直于横墙铺设的，预制板的两端分别搭在①、②轴横墙上，该房间详细画出各块预制板的实际布置情况，注有6YKBL33-42d和1YKBL21-42d，表明该块编号为甲的楼板上共铺设了7块预制板，其中有6块是相同的预应力空心楼板，板长3300mm，实际制作板长为3280mm，活荷载等级为4级，板宽为600mm，板上有50mm厚细石混凝土垫层，另外1块预应力空心楼板板长2100mm。该标准层结构平面图中其他房间的楼板布置情况分别标注了不同的编号，如乙、丙、丁等，其他编号房间楼板的布置情况请读者自行分析。该住宅楼左右两户户型完全一样，故左边住户楼板采用了简化标注。

4）看现浇板。由图3-30中可见，该楼层结构平面图中还有现浇板，图中凡带有XB字样的楼板全部为现浇板，其配筋另有详图表示。图3-31所示为XB-2配筋详图，由图中可知，该现浇板中配置了双层钢筋，底层受力筋为三种：①号钢筋 $\phi6@200$，②号钢筋 $\phi8@130$，③号钢筋 $\phi6@200$。顶层钢筋为两种：④号钢筋 $\phi8@180$，⑤号钢筋 $\phi6@200$，另外还有负筋分布筋 $\phi6@200$。

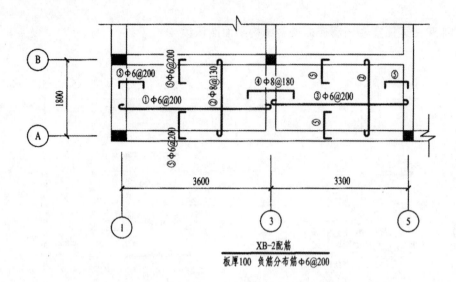

XB-2配筋

板厚100 负筋分布筋φ6@200

图 3-31　XB-2 配筋

5）墙、柱。主要表明墙、柱的平面布置，图中涂黑的小方块为剖切到的构造柱。

6）梁的位置与配筋。为加强房屋的整体性，在墙内设置有圈梁，图中注明圈梁编号，如 QL-3、QL-4 等。其他位置的梁在图中用粗点画线画出并均有标注，如 L-1、L-2、YL-1 等。各梁的断面大小和配筋情况由详图来表明。

7）在轴线⑦、⑨开间内画有相交直线的部位表示楼梯间，表明其结构布置另见楼梯结构详图。

8）图中给出了各结构层的结构标高。

9）阅读文字说明。本图中对未注明的圈梁与构造柱进行了说明。

实例 31：主楼标准层结构平面图识读

图 3-32 为主楼标准层结构平面图，从图中可以了解以下内容：

1）外框架的尺寸、主轴线的距离和底板的柱距尺寸均是相同的。内筒的外围尺寸是左右轴线间距离为 9.5m，上下墙中心之间的距离为 12m。再有是平面图的左侧向外挑出了 1.55m，这些可以与建筑剖面图对照看出。还有是平面上梁的间距大部分为 4m，少数为 3m 与 2.5m。

2）可以看到梁的编号为 $4L_1 \sim 4L_{26}$ 等。其中 L 代表梁，前面的 4 通常代表的是楼面的层次。在图上还可以注意到在上部 $4L_{13}$ 的两端多了两个小柱子，这两个小柱子不属于主结构中的柱，而是建筑上需要为架设 $4L_{13}$ 这根梁而设置的。

3）可以看出板的配筋图及板的厚度。板的厚度在 $4L_1$ 梁上空白处标注出 B = 150，这说明该混凝土的板为 150mm 厚。板的配筋因为图面较小，所以只绘了示意图形，说明板的配筋为分离式配置，梁上为承担支座弯矩的带 90° 直钩的上层筋，板下为伸入梁内的按照开间尺寸下料的钢筋。这里上部钢筋是 φ10@150，下部钢筋为 φ8@150。其他部分钢筋均省略未绘。

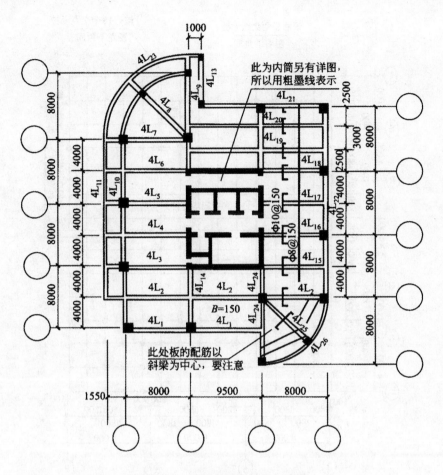

图 3-32 主楼标准层结构平面图

📎 **实例 32：主楼桩位平面布置图识读**

图 3-33 为主楼桩位平面布置图，从图中可以了解以下内容：

1）该图为建筑 80m 高的主楼部分下面桩位的平面位置布置图。

2）桩的布局范围是左右宽约 25m，上下长约 36m。总计桩数为 269 根，其中 3 根黑色的为试桩位置。

3）在 ⑥ 轴及 ⑥ 轴以下，⑤ 轴及 ⑤ 轴以上，布置桩位的网格线上不需打桩的共有上下 46 根。

4）其中的黑色桩位为试桩的点，是表示要求施工单位在全面打桩前先行打入的，经试验合格后才能全面开始打桩。若试验不合格，则设计部门要重新布置桩位图。

5）桩与桩之间的中心距离为 1.8m，上下左右均相同。

6）从图下部往上数第三道桩位线，它与 ⑥ 轴线的关系是向下 400mm；左右两边的桩位线与 ③ 轴、⑨ 轴均偏过 100mm。其他在图上可以看出有相距 800mm、900mm 等。

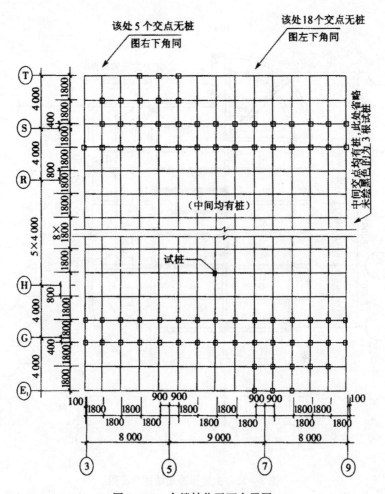

图 3-33 主楼桩位平面布置图

📎 **实例33：高层建筑立面图识读**

图 3-34 为墙下混凝土条形基础布置平面图，从图中可以了解以下内容：

1）该立面南至北最外的轴间投影尺寸为 69m；室内外高差为 500mm；最高点标高为 80m。还有 3 层裙房与主楼共组成楼层的不同层高是：4.8m、4.5m、4.5m；再加 2.20m 的设备层，然后就是主楼的标准层了。

2）从图上可以看出同层高的标准层共有 15 层，每层层高为 3.6m；最高顶层数 3 层，其层高分别为 2.8m、2.8m、3.2m，这三层可能就不是像标准层一样作客房用了，而是电梯机房、上屋顶的楼梯间等。

3）从立面图上可以看出裙房部分墙面做法有：幕墙、饰面；标准层部分是通长长窗，窗台下墙面要做装饰，此外还有勒脚和台阶。

4）由图发现最高点和房屋最顶层的顶标高之间有：80m－78.8m＝1.2m 的差，这1.2m 的高可能是屋顶女儿墙的高度。

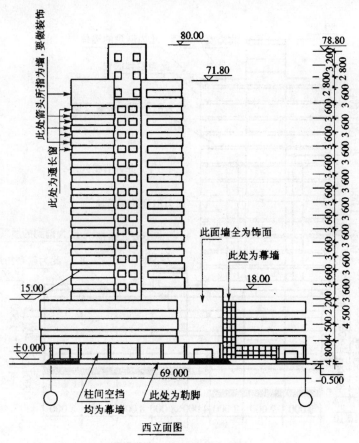

图 3 - 34　高层建筑立面图

5）在立面左侧看到边线不是一条直线竖直下来，而是弓形变化，这是因为外墙上窗子立在墙中间，其窗的外侧投影和墙的外侧投影线是不在同一竖向平面上。

6）高层中间两樘窗的两边是上下两条竖直线。

实例 34：高层建筑剖面图识读

图 3 - 35 为墙下混凝土条形基础布置平面图，从图中可以了解以下内容：

1）从剖面图上可以看竖向被剖到的墙、窗、门的情形；横向的楼板、梁的位置。

2）在该图上由于层数较多，主楼部分标准层中用了断裂线省略了部分层次的重复绘图。

3）从图左侧可以看到：地下室底板厚为 1.6m，底层层高为 5.0m，2 层层高为 3.5m。再往上就是首层 4.8m、2 层 4.5m、3 层 4.5m、设备层 2.2m 等。

4）可以看到标准层的窗口高度为 1.5m，窗台下墙高为 1.0m，窗口上墙体为 1.1m，层高即为 3.6m。

5）可以发现有客房的标准层为 10 层，非客房的同层高的为 5 层。因为有客房的在剖面图上可看到有竖向两道隔墙的层次（如标注所示），其上 5 层没有隔墙可能作为会场、娱乐、舞厅之类应用。

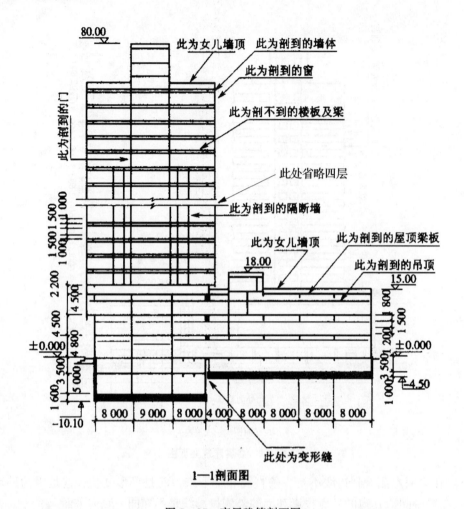

图3-35 高层建筑剖面图

6）从剖面图上可看出中间最高的3层，是平面上粗墨线筒体的平面部分，而不是全部主楼（塔楼）的部分。

7）从剖面图上梁板剖切层下，都有一条线，这条线是房间内吊顶的水平线（如识图箭所注），从而说明房屋内的房间均有吊顶。

8）从左至右第四道轴线处有条变形缝。

实例35：某商住楼基础结构平面图识读

图3-36为某商住楼基础结构平面图，从图中可以了解以下内容：

1）该图是某商住楼一个单元的基础平面图，比例为1:100，从图中可以了解到该建筑的基础为十字交梁基础，基础梁分别用代号DL（地梁）表示，图中DL的最大值DL-11表示在本基础中有11种基础类型，每种基础梁的尺寸在图中都有详细标注，如①轴线DL-1的基础梁尺寸为500mm，②轴线DL-2基础梁的尺寸为400mm，③轴线DL-3的基础梁尺寸为450mm，代号相同的基础做法相同。

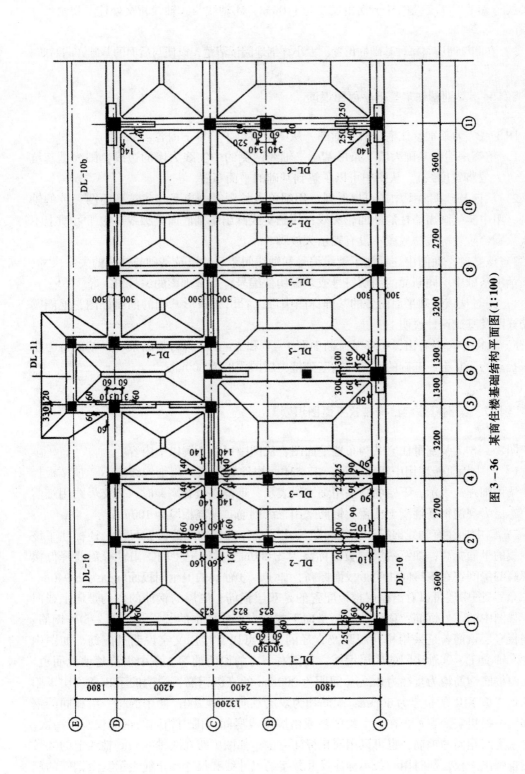

图 3 – 36　某商住楼基础结构平面图（1:100）

2）黑色方框代表钢筋混凝土柱子，每个柱子四周拐角处都有详细的尺寸标注，如②轴线与Ⓐ轴线相交处的柱子拐角尺寸为110mm，④轴线与Ⓐ轴线相交处柱子拐角尺寸为90mm等等。

3）在阅读时应将每种基础的位置、大小详细地阅读清楚，以便与后面的基础详图对照。

实例36：某别墅住宅基础平面图识读

图3-37为某别墅住宅基础平面图，从图中可以了解以下内容：

1）整幢房屋的基础为墙下条形基础。轴线两侧的中实线为墙的边线，细线是基坑边线（大放脚宽度线）。从图中可以了解到基础的平面布置。

2）从该基础平面图中还可以看到：用细单点长画线画出了与建筑平面图一致的轴线网；用中实线画出墙柱的断面轮廓线；用细实线画出基础底面轮廓线。由于习惯上不画大放脚台阶轮廓线，故图中没有表示大放脚。

3）该基础平面图中还标注了轴线编号和轴线间距尺寸以及基础与轴线的关系尺寸，还表示出基础中不同断面的剖切符号或基础构件编号，如基础梁的编号JL1等。

4）同时从该基础平面图旁的基础详图中可以看出该条形基础的剖面详图，地圈梁配筋详图及基础设计说明。

5）从图中可以看出，条形基础断面图1-1和2-2材料为浆砌条石，基础持力层是未扰动的原状土，基础的底面埋入基础持力层的深度为300mm。

实例37：某别墅住宅结构布置平面图识读

图3-38为某别墅住宅结构布置平面图，从图中可以了解以下内容：

1）图中承重砖墙用中实线表示，未被楼面构件挡住的梁用细实线表示，被楼板挡住的梁用细虚线表示，下层的雨篷用细实线表示，现浇楼板有高差时，其交界线用细实线。本层为现浇钢筋混凝土楼盖，钢筋采用三级钢筋，现浇板厚为100mm。

2）图中标注有轴线编号和轴线间距尺寸以及各梁与轴线的关系尺寸，还标注了该层顶板的平面标高，如第一层梁板的标高为3.000m。对于卫生间、阳台等需要降低楼板标高的房间都在该房间注明了板面标高，如①~③轴间的卫生间板面标高为2.940m。

3）从图中还可以看出该层楼板配置的是双层钢筋，底层的钢筋的弯钩是向上或向左，如图中的①号钢筋；顶层的钢筋是向下或向右，如图中的②、③、④、⑤号钢筋。现浇板底层钢筋若是采用相同间距及直径的，也可以直接用文字说明其配筋，如图中Ⓐ~Ⓔ轴交①~③轴房间的底层钢筋，在图右下方的说明的第2条中很清楚地说明道：未注明板底钢筋均为直径为8mm、间距为200mm的三级钢筋；说明的第3条说明了阳台和现浇板XB1的板厚为80mm，配筋均为双层双向⊈8@200。图中的每一组相同的钢筋都用一根粗实线表示。在一个梁区格或由墙围成房间范围内相同的钢筋仅画了一次。对于多房间相同的钢筋，也可以用简化标注方法。如图中跨在④轴线、⑥轴线上的③号钢筋仅画出一根，同时用一条不标注尺寸数字的尺寸线和尺寸起止线表示其余钢筋的起始位置是Ⓐ轴，终止位置是Ⓒ轴。

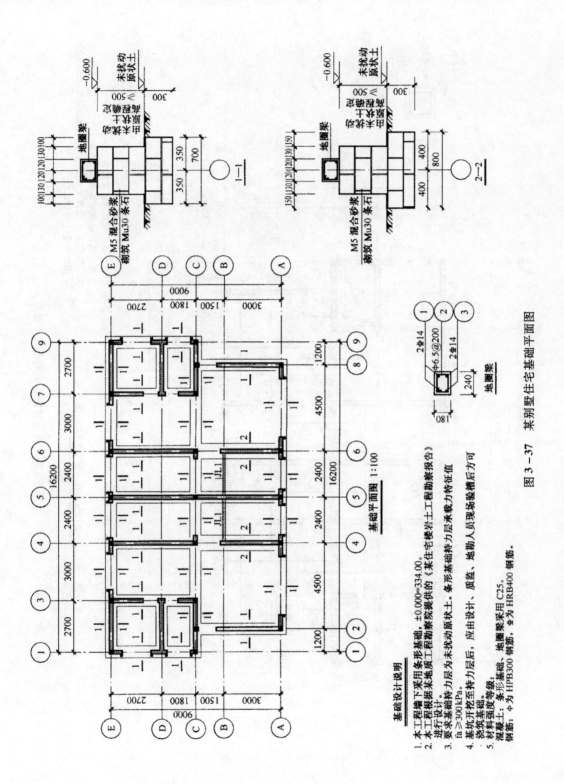

图 3-37 某别墅住宅基础平面图

基础设计说明

1. 本工程墙下采用条形基础。
2. 本工程根据某地质工程勘察院提供的《某住宅楼岩土工程勘察报告》进行设计。
3. 要求基础持力层为未扰动原状土。条形基础持力层承载力特征值 fₐ≥300kPa。
4. 基坑开挖至基础持力层后，应由设计、质监、地勘人员现场验槽后方可浇筑基础。
5. 材料强度等级：条形基础、地圈梁采用C25。
   钢筋：φ为HPB300钢筋，Φ为HRB400钢筋。

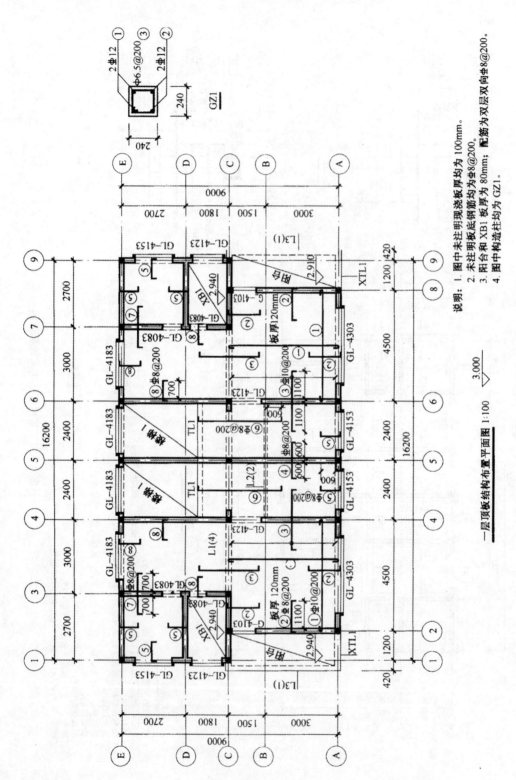

图 3-38　某别墅住宅结构布置平面图

实例38：某住宅楼二楼楼层结构平面布置图识读

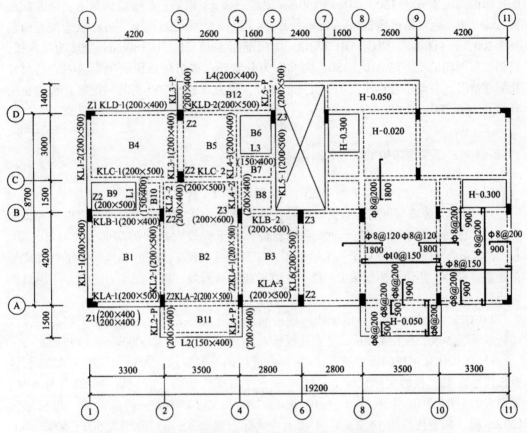

图3-39 某住宅楼二楼楼层结构平面布置图

图3-39为某住宅楼二楼楼层结构平面布置图，从图中可以了解以下内容：

1）从图名可知此图为二层的楼层结构平面布置图，在图中虚线为不可见的构件轮廓线。从图中可以看出，此房屋是一幢带有异型柱（在轴①和轴⑪的角点处）与扁柱的框架结构，以轴⑥为中线左右对称分为两个单元（户）。图中涂黑部分是钢筋混凝土柱，按照它的尺寸及配筋情况，分别编号为 Z1（200×400）、Z2（200×500）和 Z3（200×600）。沿轴线在柱与柱之间是框架梁 KL（图中多用虚线画出）。如轴④处的框架梁 KL4 共有四跨：KL4-1 支承在轴Ⓐ的 Z2 和轴Ⓑ的 Z3 上，断面尺寸为 200×500；KL4-2（200×400）支承在轴Ⓑ的 Z3 和轴Ⓒ的 KLC-2 上；KL4-3（200×400）支承在 KLC-2 和轴Ⓓ的 KLD-2 上；另外轴Ⓐ以南是悬挑梁，编号为 KL4-P（200×400）。轴⑤至轴⑦处为楼梯间，另有结构详图，这里只用细实线画出交叉对角线。梁将每一单元的楼板分隔为 12 块，分别编号为 B1 至 B12。以上的柱、梁和板的位置和编号，只标注在住宅的左半部分。值得注意的是，一般的板面标高为 H（即该楼层的结构标高），而 B6 与 B9 是卫生间，板面标高为 H-0.300，即下沉0.3m 以便于安装卫生洁具。而前后阳台的 B11 与 B12，板面标高为 H-0.050，低于房间地面50mm，以免阳台地面的水流入房间。板面标高与板的配筋情况，在图3-39中只标注在住宅的右半部分。

2）图中画出了板B1、B2与B11的钢筋配置情况。B1为双向板，有两方向受力钢筋：东西向配置φ8@150，即每隔150mm放置一根φ8钢筋，筋端弯钩向上；南北向配置φ8@200，也就是每隔200mm配置一根φ8钢筋，弯钩也是向上。另在板边配置面筋φ8@200，长900mm。两板（B1和B2）之间配面φ8@120，长1800mm。B2为单向板，只画出东西向的受力筋φ10@150。南北向为分布筋，在结构总说明中会注明它的尺寸及配置情况，在此不必标注。B11也是单向板，受力筋φ8@200南北向配置，板边也配有面筋φ8@200，长500mm。

实例39：三层顶结构平面布置图识读

图3-40为三层顶结构平面布置图，从图中可以了解以下内容：

1）该楼为砖墙与钢筋混凝土梁板混合承重结构，其中有现浇和预制楼板两种板的形式。楼梯间、卫生间及阳台均采用现浇板。由于有较大空间的房间，故在②、③、⑥、⑦、⑧、⑩轴线处设有梁，编号如图；建筑物纵向位于⑤、⑥轴线间除了有梯梁与普通直线梁外，还设有曲线梁L-12。在Ⓓ轴线楼梯间处，设有过梁GL-2，用粗点画线绘制。

2）如①~②轴线与Ⓐ~Ⓑ轴线间的房间，选用8块预应力钢筋混凝土空心板，设计荷载等级3级，板长4200mm（实际板长L=4180mm），板宽6000mm，有垫层。

3）板长代号用板的标志长度（mm）的前面两位数表示，如标志长度为4200板的板长代号为42。板的实际长度L=4180mm，注写在代号的下方。荷载等级共分8级，分别表示1.0、2.0、3.0、4.0、5.0、6.0、7.0、8.0（kN/m²）的活荷载。当板厚为120mm时，板型代号用1、2、3、4表示，其标志宽度（mm）分别为500、600、900、1200；当板厚为180mm时，板型代号用5、6、7表示，其标志宽度（mm）分别为600、900、1200。垫层d表示在预应力空心板上做垫层，以增加楼面的整体性和防水性。

实例40：栏杆扶手转折处理构造图识读

图3-41为栏杆扶手转折处理构造图，从图中可以了解以下内容：

1）楼梯扶手在梯段转折处，应当保持其高度一致，本图都是900mm。

2）当上下行梯段齐步时，上下行扶手同时伸进平台半步，扶手为平顺连接，转折处的高度一致于其他部位，如图（a）所示，此种方法在扶手转折处减小了平台宽度。

3）当平台宽度较窄时，扶手不宜伸进平台，应当紧靠平台边缘设置，扶手为高低连接，并且在转折处形成向上弯曲的鹤颈扶手，如图（b）所示。

4）鹤颈扶手制作比较麻烦，可以改用斜接，如图（c）所示，或者将上下行梯段的扶手在转折处断开，但是栏杆扶手的整体性会减弱，使用上极不方便。当上下行梯段错步时，会形成一段水平扶手，如图（d）所示。

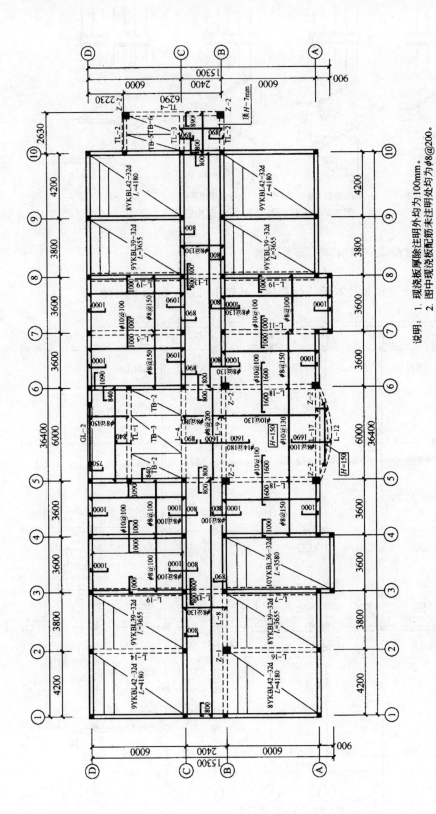

图 3 – 40 三层顶结构平面布置图（1:100）

说明：1. 现浇板厚除注明外均为100mm。
2. 图中现浇板配筋未注明处均为ϕ8@200。

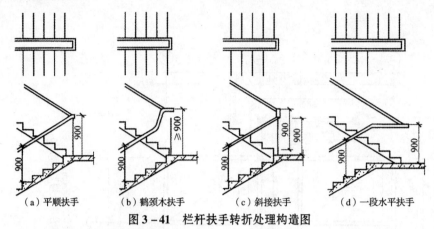

（a）平顺扶手　　　（b）鹤颈木扶手　　　（c）斜接扶手　　　（d）一段水平扶手

图 3 – 41　栏杆扶手转折处理构造图

实例 41：地下室框架柱及墙体配筋图识读

图 3 – 42 为地下室框架柱及墙体配筋图，从图中可以了解以下内容：

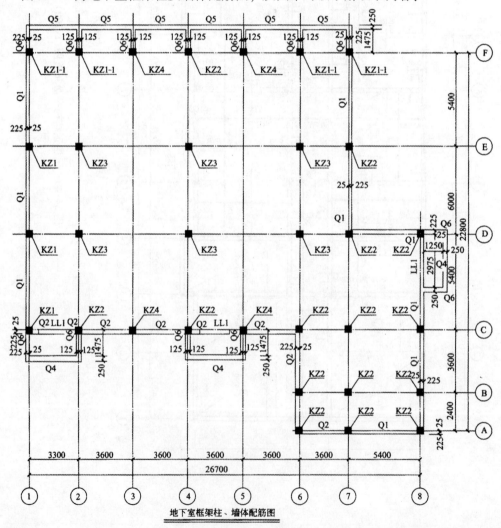

地下室框架柱、墙体配筋图

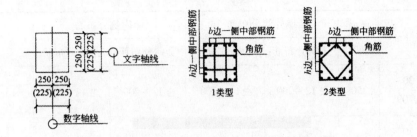

图 3 – 42 地下室框架柱及墙体配筋图

本图采用列表注写方式标注地下室框架柱及墙体配筋。

1）图中所有不同柱、墙体的配筋、截面尺寸、位置标高均在表 3 – 1 ~ 表 3 – 3 中列出。如：柱配筋表中第一行所示为框架柱 KZ1，其所在位置为标高 – 4.30 ~ 0.09m，截面尺寸为 450mm × 450mm；角筋为 4 根 HRB335 级直径为 25mm 的钢筋；b 边及 h 边一侧中部钢筋均为 4 根 HRB335 级直径为 25mm 的钢筋；箍筋采用图中所示的Ⅰ类型箍筋，加密区间距为 100mm，非加密区间距为 200mm，使用 HPB300 级直径为 8mm 的钢筋，箍筋加密区的距离如图集所示。

表 3 – 1 框架柱配筋表

柱号	标高（m）	b × h（mm）	角筋	b 边一侧中部钢筋	h 边一侧中部钢筋	箍筋类型号	箍筋
KZ1	– 4.30 ~ – 0.09	450 × 450	4 ⊕ 25	4 ⊕ 25	4 ⊕ 25	1	φ8 – 100/200
KZ1 – 1	– 4.30 ~ – 0.09	450 × 450	4 ⊕ 25	4 ⊕ 25	4 ⊕ 25	1	φ8 – 100
KZ1	– 4.30 ~ – 0.09	450 × 450	4 ⊕ 25	4 ⊕ 22	4 ⊕ 22	1	φ8 – 100/200
KZ1	– 4.30 ~ – 0.09	500 × 500	4 ⊕ 25	4 ⊕ 22	4 ⊕ 22	1	φ10 – 100/200
KZ1	– 4.30 ~ – 0.09	450 × 450	4 ⊕ 20	3 ⊕ 18	3 ⊕ 18	2	φ8 – 100/200

表 3 – 2 墙 身 表

编号	标高（m）	墙厚（mm）	墙外侧分布筋		墙内侧分布筋		拉筋
			竖向分布筋	水平分布筋	竖向分布筋	水平分布筋	
Q1	– 4.30 ~ – 0.09	250	⊕ 12 – 200	⊕ 12 – 100	⊕ 12 – 200	⊕ 12 – 200	φ16 – 600

编号	标高（m）	墙厚（mm）	墙外侧分布筋		墙内侧分布筋		拉筋
			竖向分布筋	水平分布筋	竖向分布筋	水平分布筋	
Q2	−4.30 ~ −0.09	250	⊈12－200	⊈12－200	⊈12－200	⊈12－200	ϕ16－600
Q3	−4.30 ~ −0.09	250	⊈12－200	⊈12－150	⊈12－150	⊈12－150	ϕ16－600
Q4	−5.20 ~ −0.15	250	⊈12－200	⊈12－200	⊈12－200	⊈12－100	ϕ16－600
Q5	−5.20 ~ −0.15	250	⊈12－200	⊈12－150	⊈12－200	⊈12－150	ϕ16－600
Q6	−5.20 ~ −0.15	250	⊈12－200	⊈12－200	⊈12－200	⊈12－200	ϕ16－600

表 3－3　梁　　表

编号	梁截面 b×h（mm）	上部纵筋	下部纵筋	箍筋
LL1	250×610	2⊈16	2⊈16	ϕ10－100（2）

2）表示出了不同墙体的位置、编号、厚度、标高及配筋情况。如 Q1 所示为墙 1，墙厚 250mm，位于标高 −4.30m ~ 0.09m 之间，竖向分布筋内外两侧均为 HRB335 级直径为 12mm、间距为 200mm 的钢筋；内侧水平分布筋为 HRB335 级直径为 12mm、间距为 200mm 的钢筋；外侧水平分布筋为 HRB335 级直径为 12mm、间距为 100mm 的钢筋；墙体拉结筋为 HPB300 级直径为 16mm、间距为 600mm 的钢筋。

实例 42：地下室底板平面图识读

图 3－43 为地下室底板平面图，从图中可以了解以下内容：

1）该底板南北长为轴线尺寸，是 36.5m，东西宽为 26m。

2）其实心的混凝土底板与其上面的地下室外围要宽出一个台，其尺寸约为轴线外 500mm 或墙边外 500mm。

3）底板向上伸出柱子共 22 根，其中中间 6 根为筒体的墙内柱，到 ±0.000 后即为隐入墙内，变成墙筒体的加强柱。而其他 16 根柱则一直到主楼顶层约 70m 标高处。

4）除打阴影线的柱外，其余均为墙体，从该图上可以看出相基底板平面图出外墙厚 400mm，筒体内墙厚为 300mm，各墙体均留有进出口，其中一处标的尺寸为 1600，即 1.6m 宽。其他省略未标，只要知道是个门洞口即可。

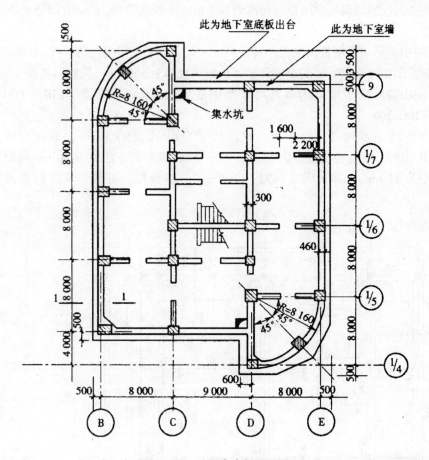

图 3 – 43　地下室底板平面图

5）西北角及东南角的弧形墙，在图纸上也作了定位的标志，即从第二列、第三列的左上角第二根柱和右下角第二根柱中心为圆心，以与该柱垂直相交的轴线为中心角的边线，由柱心引出与边线交角 45°的斜向中心线，并量出 8160mm 的长度为半径，从而定出外墙弧形的外边线，以及定出弧上的角柱。

6）在筒体墙处应看到有两座上下的楼梯。

7）在图的左下角处有 1 – 1 的局部剖切图的位置示意。这是说明底板和该处墙体构造的详细情况。

实例 43：基础底板配筋平面图识读

图 3 – 44 为基础底板配筋平面图，从图中可以了解以下内容：

板的配筋图是分别通过平面图和剖面图表示出楼板的厚度、标高及钢筋的布置情况。

1）图中通过平面图可看出底板在纵向的基本配筋是上、下铁钢筋均采用 HRB335级直径为 16mm、间距为 200mm 的钢筋；横向的基本配筋是上铁为 HRB335 级直径为 16mm、间距为 200mm 的钢筋，下铁为 HRB335 级直径为 18mm、间距为 200mm 的钢筋。

底板边支座附近的局部板中沿板的局部增加 HRB335 级直径为 16mm、间距为 200mm 的下铁钢筋。

2）图中表示出了底板反梁的截面、尺寸、配筋情况，识读方法与框架梁相同。在本图的剖面图中可看出底板的厚度和标高，如该板厚为 350mm，板底标高为 −5.200m。

3）图中表示出了地梁的截面尺寸及钢筋的具体配置情况，如 DL1（6）600 × 950ϕ10 − 100/200。

4）5$\oplus$25 表示地梁共有 6 跨，截面尺寸为 600mm × 950mm，纵向配筋上下均为 5 根 HRB335 级直径 25mm 的钢筋，箍筋为 HPB300 级直径为 10mm 的钢筋，加密区间距为 100mm，非加密区间距为 200mm 的四肢箍，箍筋加密区的距离如图集所示。

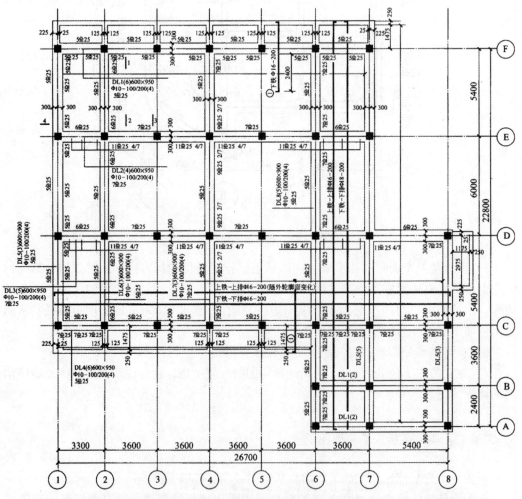

注：1. 本图"DLX"配筋采用平面表示法，由于"DLX"的受力方向与框架梁相反，故其上铁为通长筋，下铁为断筋，断筋位置详结3图中框架梁的上铁纵向钢筋构造，此时集中标注中的通筋即为下铁跨中的通筋，箍筋详结3图中框架梁箍筋构造。
2. 框架柱及墙体配筋详结5，其钢筋要锚入底板内4$5d$；底板钢筋搭接，上铁在支座，下铁在跨中。
3. 本工程与5号楼相邻地段，基坑开挖前要打护坡桩或采用土钉墙支护措施。

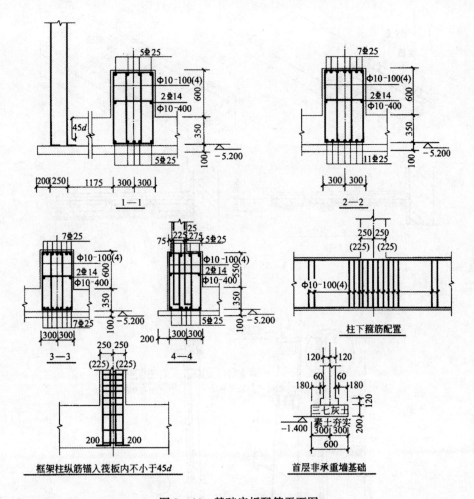

图 3-44 基础底板配筋平面图

実例 44：槽形板结构图识读

图 3-45 为槽形板结构图，从图中可以了解以下内容：

1）当板肋位于板的下面时，槽口向下，结构合理，为正槽板；当板肋位于板的上面时，槽口向上，为反槽板。

2）槽形板的跨度为 3~6m，板宽为 500~1200mm，板肋高一般为 150~300mm。

3）因为板肋形成了板的支点，板跨减小，所以板厚较小，只有 25~35mm。

4）为了增加槽形板的刚度，也便于搁置，板的端部需设端肋与纵肋相连。

5）当板的长度超过 6m 时，需沿着板长每隔 1000~1500mm 增设横肋。

実例 45：烟囱外形图识读

图 3-46 为烟囱外形图，从图中可以了解以下内容：

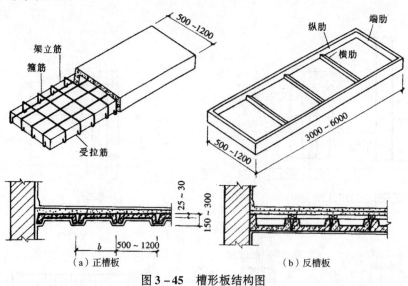

图3-45 槽形板结构图

b—板宽

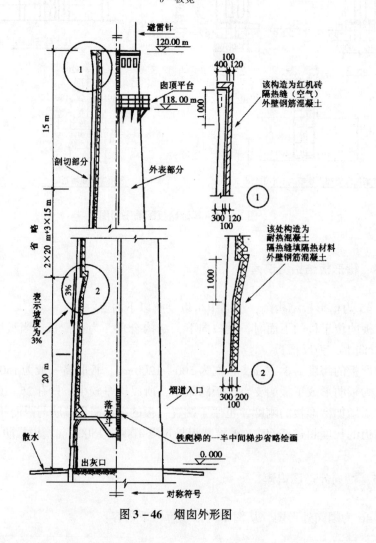

图3-46 烟囱外形图

1）烟囱的高度从地面作为 ±0.000 点算起有 120m。 ±0.000 以下作为基础部分，另有基础图纸，囱身外壁有 3% 的坡度，外壁是钢筋混凝土筒体，内衬是耐热混凝土，上部内衬由于烟气温度降低而采用了机制黏土砖。

2）囱身分为若干段，见图上标注的尺寸，有 15m 段及 20m 段两种尺寸，并在分段处的节点构造用圆圈画出，另绘制详图说明。

3）壁与内衬之间填充隔热材料，而不是空气隔热层。在囱身底部有烟囱入口的位置和存烟灰斗和下部的出灰口等几部分，可以结合识图箭注解把外形图看明白。

实例 46：烟囱基础图识读

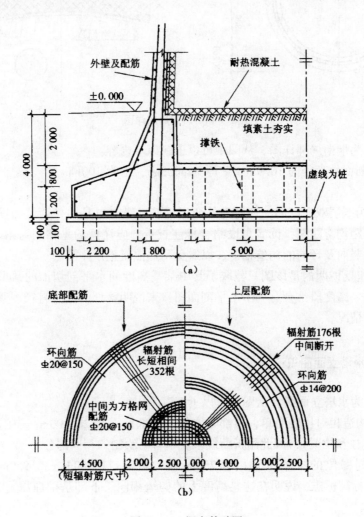

图 3－47　烟囱基础图

图 3－47 为烟囱基础图，从图中可以了解以下内容：

1）底板的埋深为 4m；基础底的直径为 18m；底板下有 100mm 素混凝土垫层；桩

基头伸入底板 100mm；底板厚度为 2m。

2）底板配筋分为上下两层配筋，且分为环向配筋和辐射向配筋两种。

3）烟壁处的配筋构造和向上伸入上部筒体的插筋。

实例47：烟囱局部详图识读

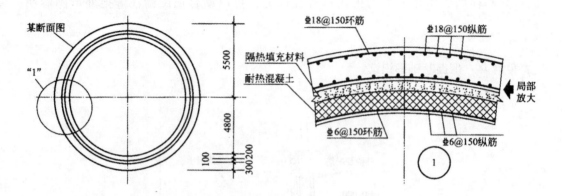

图 3-48　烟囱局部详图

图 3-48 为烟囱局部详图，从图中可以了解以下内容：

1）该横断面外直径为 10.9m，壁厚为 300mm，内为 100mm 的隔热层及 200mm 的耐热混凝土。

2）外壁为双层双向配筋，环向内外两层钢筋；纵向也是内外两层配筋。在图上配筋的规格和间距均有注明，读者可以结合标注查看。应注意的是在内衬耐热混凝土中，也配置了一层竖向及环向的构造钢筋，以避免耐热混凝土产生裂缝。

3）在这里要说明的是该图只截取了其中某一高度的水平剖切面的情形，实际施工图往往是在每一高度段都会有一个水平剖面图，来说明该处的囱身直径、壁厚、内衬的尺寸以及配筋情况。

实例48：水塔立面图识读

图 3-49 为水塔立面图，从图中可以了解以下内容：

1）水塔构造相对比较简单，顶部是水箱，底部标高为 28.000m，中间部位是构造相同的框架（柱和拉梁），因此用折断线来表示省略绘制的相同部分。

2）在相同部位的拉梁位置用 3.250m、7.250m、11.250m、15.250m、19.250m、23.600m 作为标高标志，说明在这些高度上的构造相同。下部基础埋深是 2m，基底直径是 9.60m。

3）此外还标明了爬梯的位置、休息平台、水箱顶上的检查口（出入口），以及周围栏杆等。

4）在图上使用标志线作了各种不同的注解，说明各部位的名称和构造。

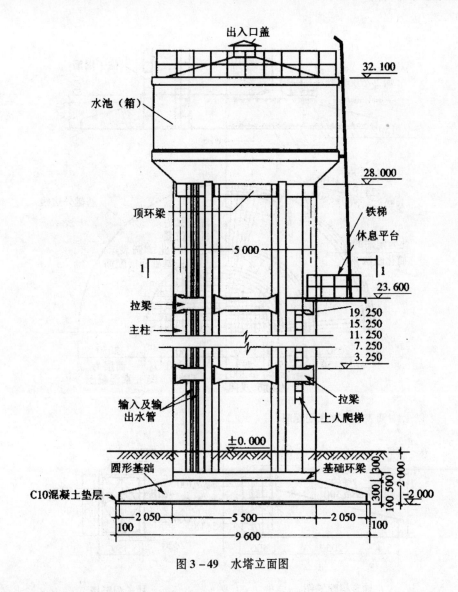

图 3-49 水塔立面图

实例49：钢筋混凝土水塔基础图识读

图 3-50 为钢筋混凝土水塔基础图，从图中可以了解以下内容：

1）底板直径为9.6m，厚度为1.10m，四周有坡台，坡台从环梁边外伸2.05m，坡台下厚300mm，坡高500mm。上部还有300mm台高才到底板上平面。

2）底板和环梁的配筋，由于配筋及圆形的对称性，用1/4圆表示基础底板的上层配筋构造，是 φ12 间距200mm 的双向方格网配筋，范围在环梁以内，钢筋伸入环梁锚固。钢筋长度随环梁外周直径变化。

3）1/4圆表示下层配筋，这是由中心方格网 φ14@200 和外部环向筋 φ14（在环梁内间距200mm，外部间距150mm）、辐射筋 φ16（长的72根和短的72根相间）组成了底部配筋布置。

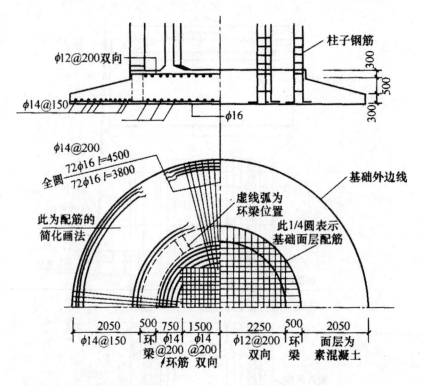

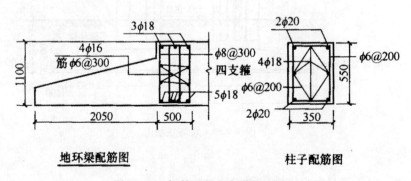

图 3-50 钢筋混凝土水塔基础图

实例50：某水塔休息平台详图识读

图 3-51 为水塔休息平台详图，从图中可以了解以下内容：

1）平台大样图：从图中可以知道平台的大小、挑梁的尺寸以及它们的配筋。

2）平台板与拉梁的关系：图上可以看出平台板与拉梁上标高一样平，因此连接部分拉梁外侧线图上就没有了。平台板厚120mm，悬挑在挑梁的两侧。

3）配筋：配筋是 φ8 间距 200mm；挑梁由柱子上伸出的，长 1950mm，断面由 500mm 高变为 250mm 高，上部是主筋用 3 ⊕ 16，下部是架立钢筋用 2φ12；箍筋是 φ6 间距 200mm，随断面变化尺寸。

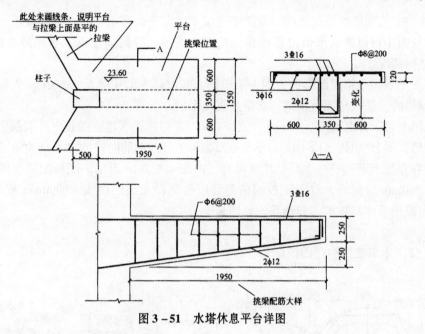

图 3-51 水塔休息平台详图

实例 51：水塔水箱配筋图识读

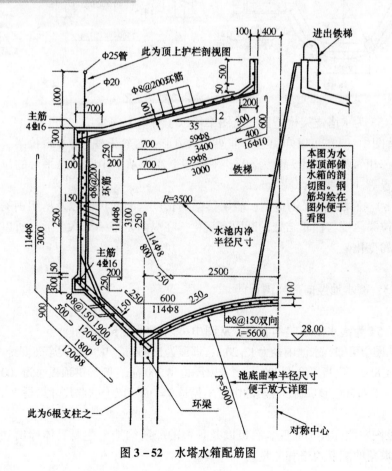

图 3-52 水塔水箱配筋图

图 3-52 为水塔水箱配筋图，从图中可以了解以下内容：

1）从图中可以看到水箱内部铁梯的位置、周围栏杆的高度以及水箱外壳的厚度、配筋等结构情况。

2）图上看出水箱是圆形的，因为图中标志的内部净尺寸用 $R = 3500mm$ 表示；它的顶板为倾斜的、底板是圆形拱的、立壁是直线形的。

3）图上可以看出顶板厚 100mm，底下配有 φ8 钢筋。水箱立壁是内外两层钢筋，均为 φ8 规格，图上根据它们不同形状绘在立壁内外，环向钢筋内外层均为 φ8 间距 200mm。

4）在立壁上下各有一个环梁加强筒身，内配 4 根 φ16 钢筋。底板配筋为两层双向 φ8 间距 200mm 的配筋，对于底板的曲率，应根据图上给出的 $R = 5000mm$ 放出大样，才能算出模板尺寸配置形式和钢筋的确切长度。

实例 52：水塔支架构造图识读

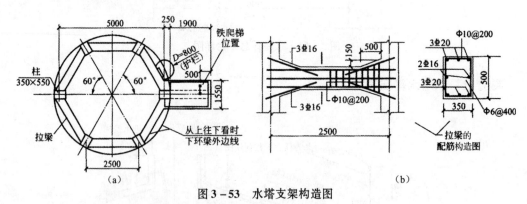

图 3-53　水塔支架构造图

图 3-53 为水塔支架构造图，从图中可以了解以下内容：

1）从图中（a）可以知道这个框架为六边形；有 6 根柱子，6 根拉梁，柱与对称中心的连线在相邻两柱间的夹角为 60°。平面图上还表示了中间休息平台的位置、尺寸和铁爬梯位置等。

2）（b）拉梁的配筋构造图，表明拉梁的长度、断面尺寸以及所用钢筋规格。图上还可看出拉梁两端与柱联结处的断面有变化，在纵向是呈一个八字形，所以在支模时应考虑模板的变化。

实例 53：蓄水池竖向剖面图识读

图 3-54 为蓄水池竖向剖面图，从图中可以了解以下内容：

1）从图中可知，水池内径为 13.20m，埋深为 5.450m，中间最大净高度是 6.70m，四周外高度为 4.85m。底板厚度为 200mm，池壁厚也是 200mm，圆形拱顶板厚为 100mm。立壁上部有环梁，下部有趾形基础。顶板的拱度半径是 9.40m。以上这些尺寸均是支模、放线应该了解的。

2）该图左侧标注了立壁、底板以及顶板的配筋构造。主要具体标出立壁、立壁基础、底板坡角的配筋规格和数量。

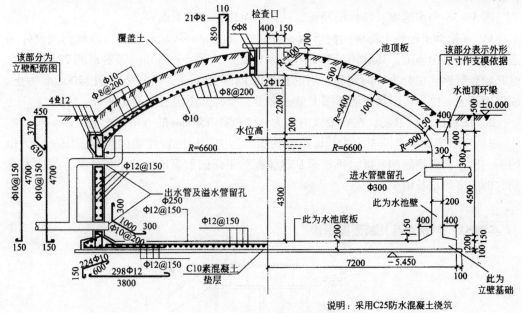

图 3－54　蓄水池竖向剖面图

3）立壁的竖向钢筋为 φ10 间距 150mm，水平环向钢筋为 φ12 间距 150mm。因为环向钢筋长度在 40m 以上，所以配料时必须考虑错开搭接。

4）图纸右下角还注明采用 C25 防水混凝土进行浇筑，这样施工时就可以知道浇筑的混凝土不是普通的混凝土，而是具有防水性能的 C25 混凝土。

实例 54：水池顶、顶板配筋图识读

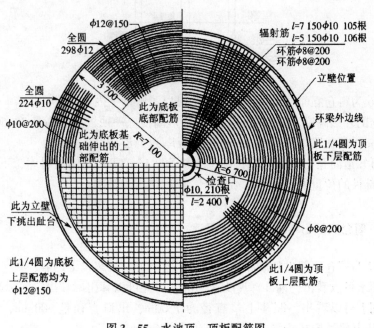

图 3－55　水池顶、顶板配筋图

图 3 – 55 为水池顶、顶板配筋图，从图中可以了解以下内容：

1）基础伸出趾的上部环向配筋为 φ10 间距 200mm，从趾的外端一直放到立壁外侧边，辐射钢筋为 φ10，其形状在剖面图上像个横写丁字，全圆共用辐射钢筋 224 根。立壁基础底层钢筋也分为环向钢筋，用的是 φ12 间距 150mm，放到离外圆 3700mm 为止。辐射钢筋为 φ12，其形状在剖面图上呈一字形，全圆共用辐射钢筋 298 根。

2）底板的上层钢筋，在立壁以内均为 φ12 间距 150mm 的方格网配筋。

3）在右半面半个圆表示的是顶板配筋图。这中间应值得注意的是顶板像一只倒扣的碗，所以辐射钢筋的长度，不能只从这张配筋平面图上简单地按半径计算，而应考虑到它的曲度的增长值。

实例 55：料仓立面及剖面图识读

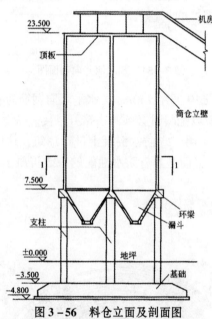

图 3 – 56 料仓立面及剖面图

图 3 – 56 为料仓立面及剖面图，从图中可以了解以下内容：

1）料仓的外形高度。从图上可知仓的外形高度——顶板上标高是 23.50m，环梁处标高是 7.50m，基础埋深为 4.80m，基础底板厚为 4.8 – 3.5 = 1.3m。

2）还可知道筒仓的大致构造，顶上为机房，16m 高的筒体是料库，下部是出料的漏斗，这些部件的荷重通过环梁传给柱子，然后再传到基础。

实例 56：筒仓底部出料漏斗构造图识读

图 3 – 57 为筒仓底部出料漏斗构造图，从图中可以了解以下内容：

1）从图上可以看出，漏斗深度为 3.50m，由此可以算出漏斗出口底标高为 2.75m。

2）从图上可以看出，漏斗上口直径为 7.00m，出口直径是 900mm，漏斗壁厚为 200mm，漏斗上部吊挂在环梁上，环梁高度为 600mm。

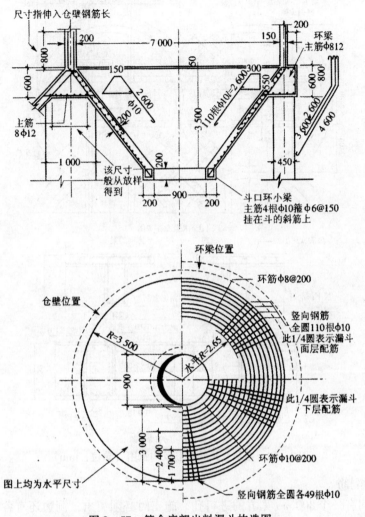

图 3-57　筒仓底部出料漏斗构造图

3）上层仅上部半段有斜向钢筋 φ10 共 110 根，环向钢筋 φ8 间距 200mm。下层钢筋在整个斗壁上分布，斜向钢筋是 φ10，分为三种长度，每种全圆上共 49 根，环向钢筋是 φ10 间距 200mm。漏斗口为一个小的环梁加强斗口。环向主筋是 4 根 φ10，小钢箍 150mm 见方，间距是 150mm。

实例 57：某筒仓顶板配筋及构造图识读

图 3-58 为某筒仓顶板配筋及构造图，从图中可以了解以下内容：

1）筒仓顶板的构造：如图 3-58 所示，每个仓顶板都是由 4 根梁组成井字形状，支架在筒壁上。梁的上面是一块周边圆形同时带 300mm 出沿的钢筋混凝土板。

2）梁的相关尺寸，梁的横断面尺寸为宽 250mm、高 650mm。梁的井字中心距离为 2.40m，梁中心至仓壁内侧的尺寸是 2.30m。板的厚度是 80mm，钢筋为双向配置。图上用十字符号表示双向，用 B 表示板，85mm 表示厚度。

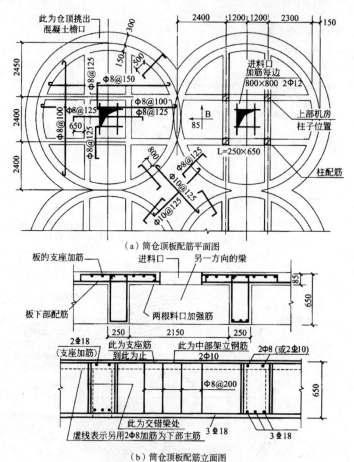

（a）筒仓顶板配筋平面图

（b）筒仓顶板配筋立面图

图3-58 某筒仓顶板配筋及构造图（单位：mm）

3）梁板配筋。

①板中间有一个800mm见方的进料孔，施工时必须留出，洞边还有各边加2根ϕ10钢筋也需放置。

②板的配筋在外围几块，随着圆周的变化，钢筋长度也发生变化，配料时必须计算。

③梁的配筋在两梁交叉处要加双箍，这在配料绑扎时应特别注意。

④梁上有钢筋切断处的标志点，用来计算梁上支座钢筋的长度，但本图上未标注支座到切断点尺寸，作为看图后应向设计人员提出的地方。不过根据一般经验，它的支座钢筋的一边长度可以按该边梁的净跨的1/3长计算，总长度为两边梁长之和的1/3加梁座宽。

⑤图上在井字梁交点处的阴线部位标明上面有机房柱子，因此看图时就应去查机房的图，以便在筒仓顶板施工时做好准备。

3.2 钢结构施工图识读实例

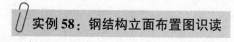

实例58：钢结构立面布置图识读

图3-59为刚架立面布置图，从图中可以了解以下内容：

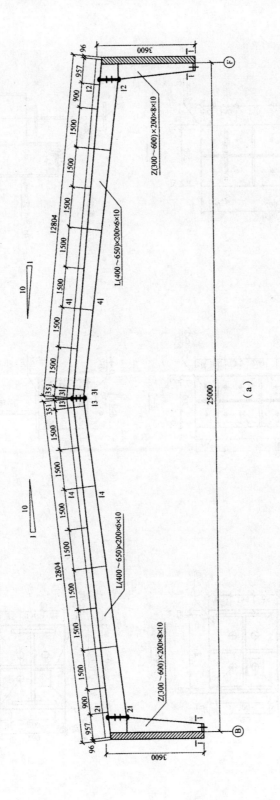

（a）

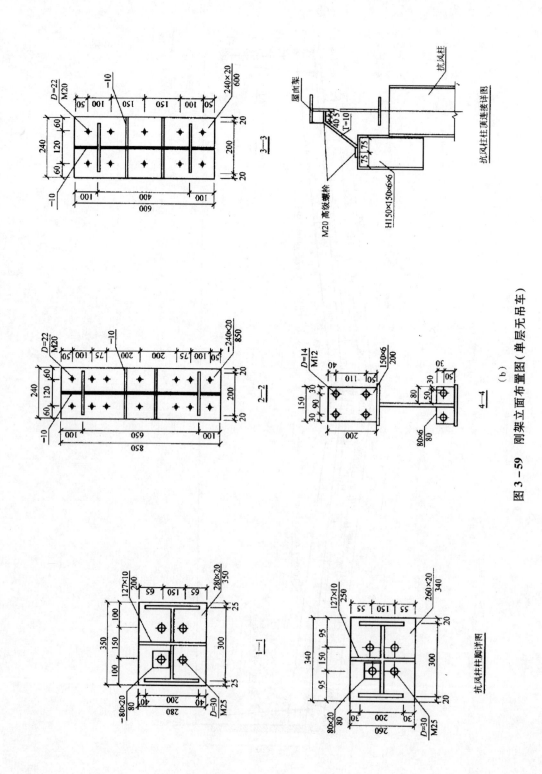

图 3－59　刚架立面布置图（单层无吊车）

1）该建筑跨度是 25m，檐口高度是 3.6m，屋面坡度为 1:10。屋面坡度有三种表示形式：一是采用百分数的形式标注，本图中的坡度同样可用 $i = 10\%$ 表示；二是采用比例的形式标注，即本图的坡度可用 1:10 表示；三是本图采用的直角三角形的标注形式，如图 "1 ╱10 ▬" 即表示坡度为 1:10。采用百分数或比例形式标注坡度时，应加注坡度符号，即单面箭头，箭头须指向下坡方向。

2）该刚架是由两根变截面实腹钢柱（截面为一整体的柱，横截面一般为工字形，少数为 Z 型）与两根变截面实腹钢梁组成，结构对称。梁与柱由两块 14 个孔的连接板相互连接，梁与梁由两块 10 个孔的连接板连接。

3）该刚架钢柱和钢梁截面都是变截面，钢柱的规格是（300～600）mm ×200mm ×8mm ×10mm（截面高度由 300mm 变为 600mm，腹板厚度是 8mm，翼板宽度是 200mm，厚度是 10mm），钢梁的规格是（400～650）mm ×200mm ×6mm ×10mm（截面高度由 400mm 变为 650mm，腹板厚度是 6mm，翼板宽度是 200mm，厚度是 10mm）。

4）从屋脊处第一道檩条至屋脊线的距离为 351mm，依次为 1500mm，900mm，957mm。墙面无檩条，是砖墙。

5）图 "1 – 1" 为边柱柱底脚剖面图，柱底板规格是 –280mm ×20mm（"–" 表示钢板，宽度为 280mm，厚度为 20mm），长度 350mm。M25 指地脚螺栓直径是 25mm，$D = 30$ 表示开孔的直径是 30mm。柱底上垫板的规格尺寸是 – 80mm ×20mm，长度是 80mm，柱底加筋板的规格是 –127mm ×10mm，长度是 200mm。抗风柱柱脚详图读法与边柱类似。

6）图 "2 – 2" 为梁柱连接剖面，连接板的规格是 – 240mm ×20mm，长度是 850mm。有 14 个 M20 螺栓，孔径是 22mm，加劲肋的厚度是 10mm。

7）图 "3 – 3" 为屋脊梁与梁的连接板，板的厚度是 20mm，共有 10 个螺栓，水平孔间距是 120mm。

8）图 "4 – 4" 为屋面梁的剖面，檩托板的规格是 – 150mm ×6mm，长度是 200mm，有 4 个 M12 螺栓，直径是 14mm，隔撑板的规格是 – 80mm ×6mm，长度是 80mm，孔径是 14mm。

9）抗风柱柱顶连接详图，屋面梁和抗风柱之间用 10mm 厚弹簧板连接，共有 4 个 M20 的高强度螺栓。

实例 59：屋架结构图识读

图 3 – 60 为屋架结构图，从图中可以了解以下内容：

1）由立面图及上弦杆①的斜视图可看出，上弦杆是由两根等边角钢（L56 ×5）背靠背（ ┐ ┌ ）组成。

2）根据屋脊节点图可看出，节点板厚度为 6mm。上弦杆缀板⑮厚度也为 6mm，间隔一定距离设置。在上弦杆上为了安放檩条，设置了檩条托⑱。具体尺寸由右上角的详图标明。檩条托⑱通过角焊缝焊接在上弦杆上。由斜视图可知，檩条托⑱间隔 764mm 或 68mm 设置一个。由檩条托⑱的详图可知，该檩条托与檩条通过两个 M13 的螺栓连接，图中把螺栓孔涂黑。

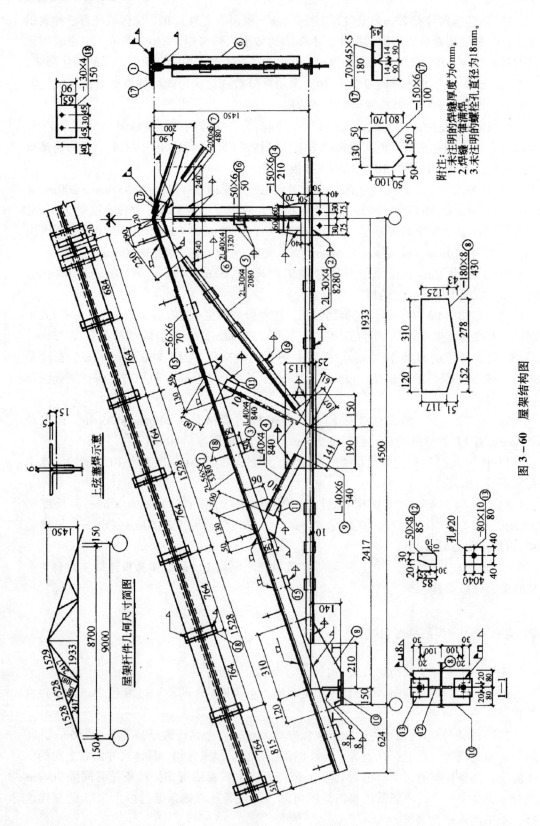

图 3—60 屋架结构图

附注:
1. 未注明的焊缝厚度为6mm。
2. 焊缝一律满焊。
3. 未注明的螺栓孔直径为18mm。

上弦塞焊示意

屋架杆件几何尺寸简图

3）从立面图和侧面图可知下弦杆②由两根背靠背（⌐ ⌐）的角钢（L30×4）组成，中间由缀板⑯相连。

4）由立面图和侧面图可知竖杆⑥是由两根相错（⌐ ⌐）的角钢（L40×4）组成，一根在节点板之前，一根在节点板之后。它们之间夹有三块缀板。

5）斜杆⑤是由两根角钢组成，而斜杆③、④则是由一根角钢构成。斜杆③在节点板⑨之后，斜杆④在节点板⑨之前。

6）由立面图、1-1剖面图可知节点板⑧夹在上、下弦角钢之间，用角焊缝和塞焊连接上弦杆。底板⑩是水平放置的一块矩形钢板，它与直立的节点板⑧焊在一起。

7）为了加强刚度，在节点板与底板之间焊了两块加劲板⑫。底板⑩上有两个缺口，以便使墙内预埋螺栓穿过，然后把两块垫板⑬套在螺栓上再拧以螺母。垫板是在安装后与底板⑩焊接的，因此采用了现场焊接符号表示。

8）为了加强左、右两上弦杆的连接，屋脊节点处除了节点板⑦外，还有前后两块拼接角钢⑰。由节点⑰详图可知，拼接角钢是由不等边角钢（L70×45×5）在中部裁切掉V形后弯折而成的，并与上弦杆件焊接在一起。

实例60：钢屋架结构简图及详图识读

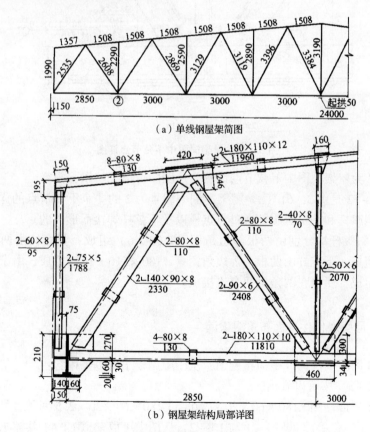

（a）单线钢屋架简图

（b）钢屋架结构局部详图

图3-61 钢屋架结构简图及详图（1:100）

图 3 -61 为钢屋架结构简图及详图, 从图中可以了解以下内容:

1) 该梯形屋架因为左右对称, 故可采用只画出一半多一点, 用折断线断开的对称画法。屋架简图的比例用 1:100 或 1:200。习惯上放在图纸的左上角或右上角。图 3 -61 的比例为 1:100, 图中要标注屋架的跨度 (24000mm)、高度 (3190mm) 以及节点之间杆件的长度尺寸等。

2) 图 (b) 是用较大的比例画出的局部屋架立面图, 应该和屋架简图相一致。本例只是为了说明钢屋架结构详图的内容而加以绘制, 故只选取了左端一小部分。

实例 61: 屋架简图中下弦节点详图识读

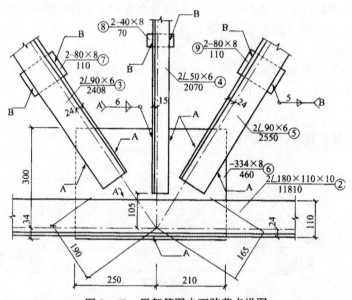

图 3 -62 屋架简图中下弦节点详图

图 3 -62 为屋架简图中下弦节点详图, 从图中可以了解以下内容:

1) 图 3 -62 是图 3 -61 (a) 屋架简图中编号为 2 的一个下弦节点的详图。这个节点是由两根斜腹杆和一根竖腹杆通过节点板以及下弦杆焊接而形成的。

2) 两根斜腹杆均分别由两根等边角钢 (∠90 ×6) 组成; 竖腹杆由两根等边角钢 (∠50 ×6) 组成; 下弦杆由两根不等边角钢 (∠180 ×110 ×10) 组成, 由于每根杆件均为两根角钢组成, 所以在两角钢间有连接板。

实例 62: 屋面次构件平面布置图识读

图 3 -63 为屋面次构件平面布置图, 从图中可以了解以下内容:

1) 从图 (a) 中可以看出:

①该建筑屋面使用 C180 ×60 ×20 ×2.0 与 C180 ×60 ×20 ×2.5 两种型号的 C 型钢做檩条 (用 "LT" 表示), 即 LT -1 与 LT -2, 从图中可以知道 LT -1 共需 72 根, LT -2 共需 24 根, 檩条的尺寸通常需要和材料表结合起来识读。

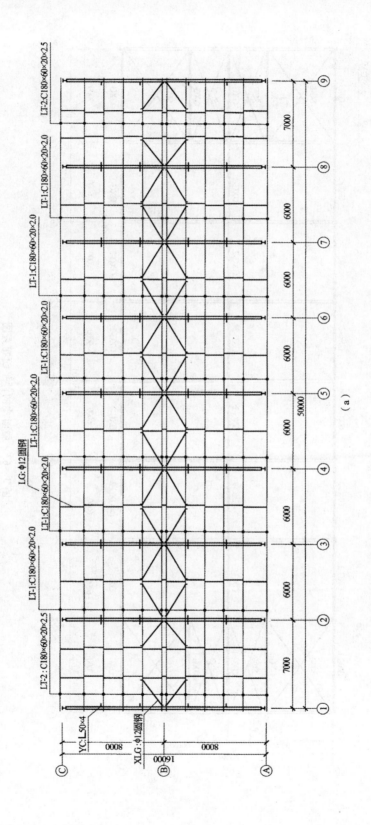

（a）

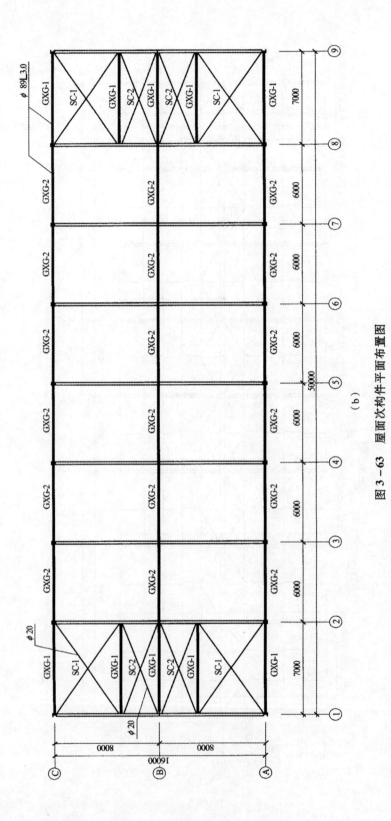

图 3 – 63　屋面次构件平面布置图

(b)

②屋面拉条使用的是直径为 12mm 的一级圆钢 (φ12)，"LG"表示直拉条，"XLG"表示斜拉条，从图中可以查出共需直拉条 100 根、斜拉条 32 根。

③隔撑使用型号为∠50×4 的等边角钢，从图中可以查出共需隔撑 64 根。

2) 从图 (b) 中可以看出：

①此建筑屋面钢系杆使用的是直径为 89mm 的钢管，水平支撑使用直径为 20mm 的圆钢。

②此建筑屋面Ⓐ、Ⓑ、Ⓒ轴线通长布置钢系杆，Ⓐ和Ⓑ轴线与Ⓑ和Ⓒ轴线支撑位置布置钢系杆，由图可知有 GXG - 1 和 GXG - 2 两种规格，共需 28 根，其中 GXG - 1 需 10 根，GXG - 2 需 18 根。

③①、②与⑧、⑨轴线间设置水平支撑，由图可知有 SC - 1 和 SC - 2 两种规格，共需 8 套，其中 SC - 1 和 SC - 2 各需 4 套。

实例 63：某厂房钢屋架结构详图识读

图 3 - 64 为某厂房钢屋架结构详图，从图中可以了解以下内容：

1) 屋架简图用以表达屋架的结构形式，各杆件的计算长度作为放样的依据。在简图中，屋架各杆件用单线画出，习惯上放在图纸的左上角或右上角。图中注明屋架的跨度为 5610mm，高度 1200mm 以及节点之间杆件的长度尺寸等。

2) 屋架详图是指用较大的比例画出屋架的立面图。由于屋架完全对称，所以只画出半个屋架，并在中心线上画上对称符号。图中详细画出各杆件的组合、各节点的构造和连接情况以及每根杆件的型钢型号、长度和数量等。对于构造复杂的上弦杆和节点还另外画出较大比例的详图，如图中的 A、B 详图。

实例 64：钢屋架节点图识读

图 3 - 65 为钢屋架节点 2 详图，从图中可以了解以下内容：

1) 节点 2 是下弦杆和三根腹杆的连接点。整个下弦杆共分三段，这个节点在左段和中段的连接处。图中详细标注了杆件的编号、规格和大小。从这些标注中可知，下弦杆左段②和中段③都由两根不等边角钢∟75×50×6 组成，接口相隔 10mm 以便焊接。竖杆⑤由两根等边角钢∟56×5 组成。斜杆⑥是两根等边角钢∟50×6。斜杆④是两根等边角钢∟56×5。这些杆件的组合型式都是背向背，并且同时夹在一块节点板⑨上，然后焊接起来。这些节点板有矩形的 (如⑨号)，也有多边形的。它的形状和大小是根据每个节点杆件的位置以及焊缝长度而决定。无论矩形的或多边形的节点板都按厚、宽、长的顺序标注大小尺寸，其注法如图中⑨号节点板所示。由于下弦杆是拼接的，除焊接在节点板外，下弦杆两侧面还要分别加上一根拼接角钢⑰，把下弦杆左段和中段夹紧，并且焊接起来。

2) 由两角钢组成的杆件，每隔一定距离还要夹上一块连接板⑬，以保证两角钢连成整体，增加刚性。

3) 图中详细地标注了焊缝代号。节点 2 竖杆⑤中画出 $A\overset{6}{\triangleright}\!\!\!\!\!\searrow$ 表示指引线所指的地方，即竖杆与节点板相连的地方，要焊双面贴角焊缝，焊缝高 6mm。焊缝代号尾部的字

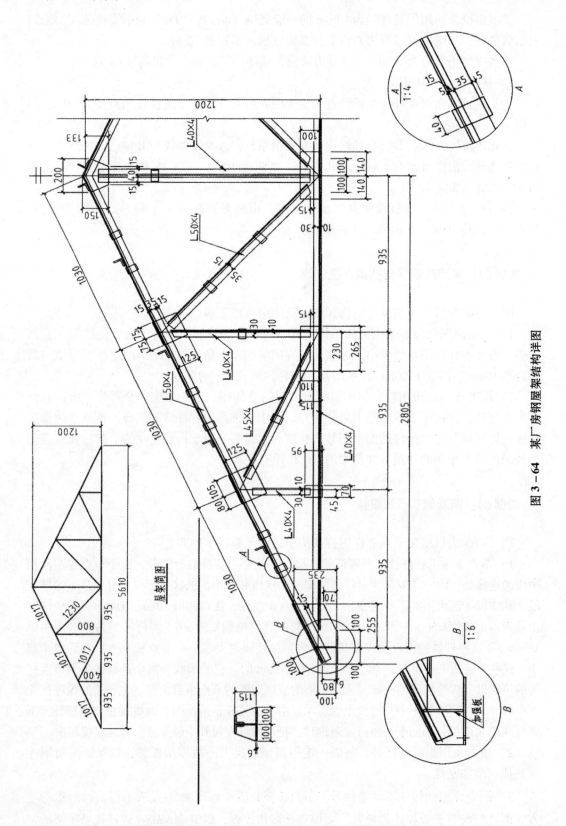

图 3－64　某厂房钢屋架结构详图

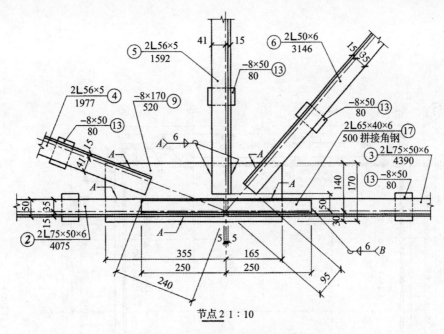

节点2 1:10

图3-65 钢屋架节点2详图

母 A 是焊缝分类编号。在同一图样上，所有与 A>⁶相同的焊缝，则只需画出指引线，并注一个 A 字，如 A———>。

4）此外，还要详细标注节点中心（即各杆件轴线的交点）至杆件端面的距离，如图中的240、95和50等。

实例65：单层门式刚架厂房一层平面图识读

图3-66为单层门式刚架厂房一层平面图，从图中可以了解以下内容：

1）建筑物的外包尺寸（墙外皮到墙外皮）。长度为49480mm，宽度为29480mm。

2）柱和墙的定位关系。边墙柱的外翼缘紧贴边墙的内皮，山墙柱（抗风柱）的外翼缘紧贴山墙的内皮。①轴和⑧轴的边柱紧靠山墙内皮。边墙柱距为7000mm，山墙柱距为6250mm。

3）门窗的定位和尺寸：C2为窗，宽度为4200mm，高度通常会在立面图中标识，窗都是居中布置，边墙处的窗两边距柱中心线均为1400mm。山墙处的窗距柱中心线均为1025mm；M1为门，宽度为4200mm，高度也是在立面图中标识。门居中布置，两边距柱中心线为1025mm。门的位置有坡道，尺寸为6490mm×1500mm，具体做法见图集L13J9-1。

4）¹┐为剖切号，从此处剖开向左看，1-1剖面见后面的剖面图。▽^{+0.000}为室内地坪的标高。

实例66：单层门式刚架厂房屋顶平面图识读

图3-67为单层门式刚架厂房屋顶平面图，从图中可以了解以下内容：

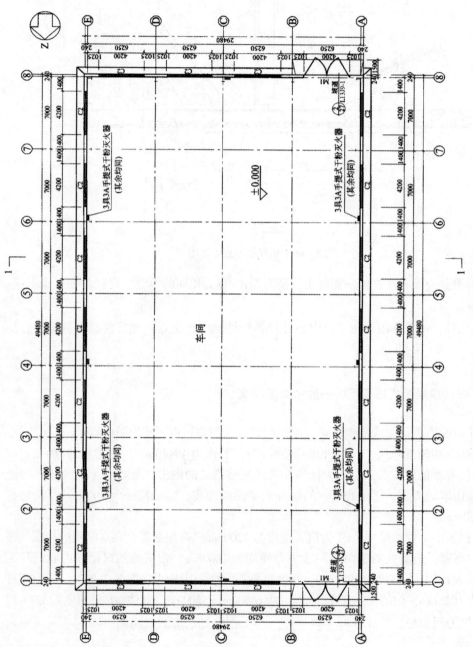

图 3-66 单层门式刚架厂房一层平面图 (1:100)

注：1. 所有未标注墙厚均为240mm。
2. 钢柱、梁及层顶刷防火涂料，耐火等级为二级。

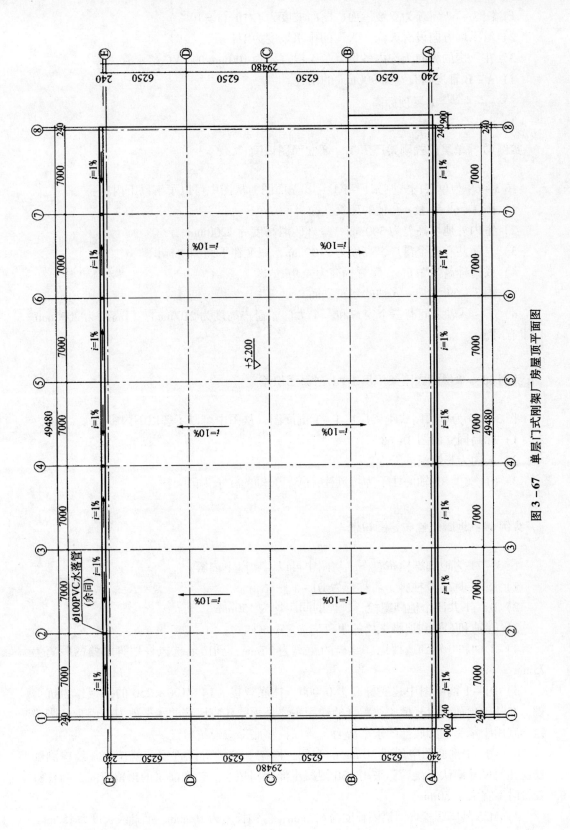

图 3-67 单层门刚式厂房屋顶平面图

1）图3-67屋顶为双坡屋面，屋面坡度为1/10（$i=10\%$）。

2）沿纵墙方向设有天沟，天沟的排水坡度为1%。

3）在厂房的纵向天沟内各设置了4根直径为100mm的PVC落水管。

4）A-B轴之间有宽为900mm的雨篷。

5）$\underset{\quad}{\nabla}$——$\overset{+5.200}{\quad}$为屋顶标高。

实例67：单层门式刚架厂房①~⑧立面图识读

图3-68为单层门式刚架厂房①~⑧立面图，从图中可以了解以下内容：

1）图3-68为①~⑧轴的建筑立面。

2）室内外地坪高差为300mm，室外砖墙高度为1200mm。

3）立面共有七个窗户，高度为2100mm，宽度在平面图中标识。

4）檐口标高为3.6m，屋脊标高为4.9m。

5）图3-69为Ⓔ~Ⓐ轴的建筑立面。

6）Ⓔ~Ⓐ轴之间有三个窗户和一个大门，窗户高度为2100mm，门高度为3000mm。门上有雨篷。

实例68：单层门式刚架厂房1-1剖面图识读

图3-70为单层门式刚架厂房1-1剖面图，从图中可以了解以下内容：

1）标高同立面图3-68。

2）天沟为彩钢板外天沟。

3）Ⓑ、Ⓒ、Ⓓ轴的柱子为抗风柱，Ⓐ、Ⓔ轴的柱子为门架柱。

实例69：地脚螺栓布置图识读

图3-71为地脚螺栓布置图，从图中可以了解以下内容：

1）图中共22个柱脚，名称都为DJ-1。

2）DJ-1共四个地脚螺栓，螺栓的间距均为150mm。

3）Ⓐ轴和Ⓔ轴到地脚螺栓的距离均为75mm。

4）①轴和⑧轴到边柱地脚螺栓的距离为25mm，到山墙抗风柱地脚螺栓的距离为75mm。

5）DJ-1剖面图中柱底标高为0.000，柱底焊接-14×100×250的钢板作为抗剪键，在基础顶面预留开槽，抗剪键的作用主要是承受柱脚底部的水平剪力，因为柱脚锚栓不宜用于承受柱脚底部的水平剪力，所以柱脚底部应设抗剪键。

6）DJ-1剖面图中预留50mm的空间，刚架和支撑等配件安装就位，并经检测和校正几何尺寸确认无误后，采用C30混凝土灌浆料填实。二次灌浆的预留空间，当柱脚铰接时不宜大于50mm。

7）M25地脚螺栓详图锚固长度为625mm，弯钩长度为100mm，套螺纹长度为150mm，

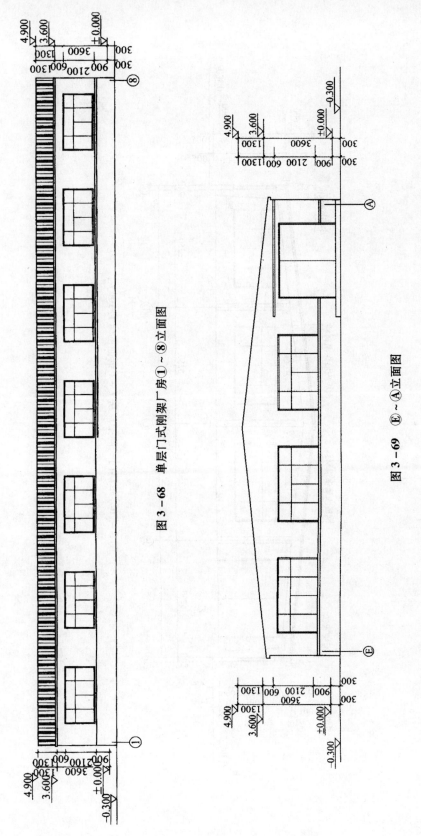

图 3 - 68 单层门式刚架厂房①～⑧立面图

图 3 - 69 Ⓔ～Ⓐ立面图

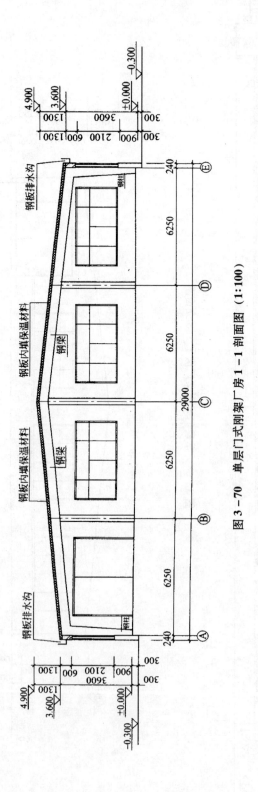

图 3 - 70 单层门式刚架厂房 1 - 1 剖面图（1:100）

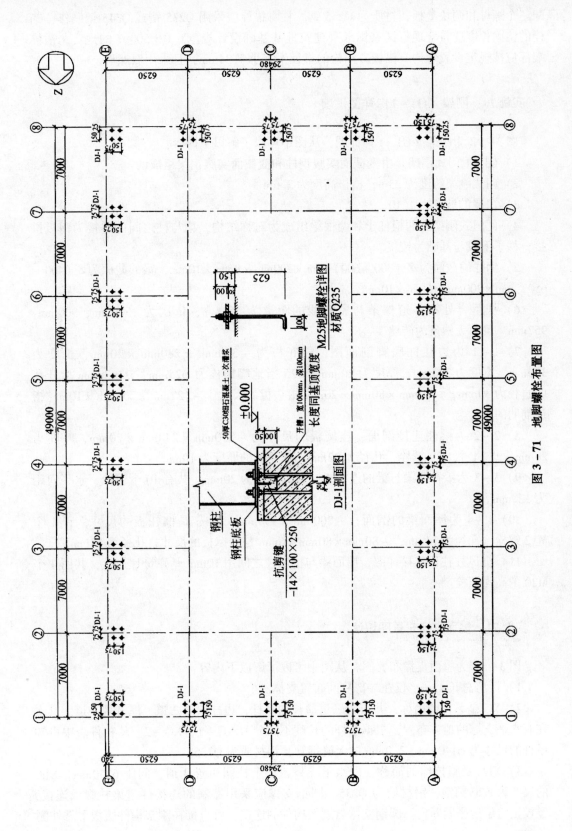

图 3 –71 地脚螺栓布置图

配三个螺母和两块垫板，材质为 Q235 钢。柱脚锚栓应采用 Q235 钢或 Q345 钢制作，锚栓的锚固长度应符合现行国家标准《建筑地基基础设计规范》GB 50007 的规定，锚栓端部应按规定设置弯钩或锚板。锚栓的直径不宜小于24mm，且采用双螺母。

实例70：刚架（GJ-1）详图识读

图3-72为刚架（GJ-1）详图，从图中可以了解以下内容：

1）GJ-1门式刚架是由变截面实腹钢柱和变截面实腹钢梁组成的。

2）门式刚架跨度为25m，檐口高度为3.6m。

3）房屋的坡度为1:10。

4）此门式刚架有两根柱子和两根梁组成为对称结构，梁与柱之间的连接为钢板拼接，柱子下段与基础为铰接。

5）钢柱的截面为 Z（300~600）mm×200mm×8mm×10mm，梁的截面为∠（400~650）mm×200mm×6mm×10mm。

6）从屋脊处第一道檩条与屋脊线的距离为351mm，依次为1500mm，900mm，957mm。墙面无檩条为砖墙。

7）1-1为边柱柱底脚剖面图，柱底板为-350mm×280mm×20mm，长度为350mm，宽度为280mm，厚度为20mm。M25指地脚螺栓为φ25mm，D=30mm指开孔的直径为30mm，-80mm×80mm×20mm指垫板的尺寸，-127mm×200mm×10mm指加筋肋的尺寸。

8）2-2为梁柱连接剖面，连接板的尺寸为-850mm×240mm×20mm，厚度为20mm，共14个M20螺栓，孔径为22mm，加筋肋的厚度为10mm。

9）3-3为屋脊处梁与梁的连接板，板的厚度为20mm，共有10个螺栓，水平间距为120mm。

10）4-4为屋面梁的剖面，-200mm×150mm×6mm是檩托板的尺寸，有4个M12螺栓，孔径为14mm，-80mm×80mm×6mm是隔撑板的尺寸，孔径为14mm。

11）抗风柱柱顶连接详图，屋面梁与抗风柱之间用10mm厚弹簧片连接，共用4个M20的高强螺栓。

实例71：屋面支撑布置图识读

图3-73为屋面支撑布置图，从图中可以了解以下内容：

1）厂房总长49m，仅在端部柱间布置支撑。

2）XG是系杆的简称，共布置三道通长的系杆，边柱顶部两道，屋脊处一道。其次在有水平支撑的地方布置，根据系杆的长度不同分为XG-1，XG-2。从构件表中得知系杆的尺寸为φ140mm×3.0mm的无缝钢管，钢材质为Q235。

3）XLC是斜拉撑的简称，即水平支撑，一个柱间布置4道，间距6250mm，XLC的尺寸为φ20圆钢，钢材质为Q235。圆钢支撑应采用特制的连接件与梁柱腹板连接，经校正定位后张紧固定。圆钢支撑与刚架构件的连接，可直接在刚架构件腹板上靠外侧

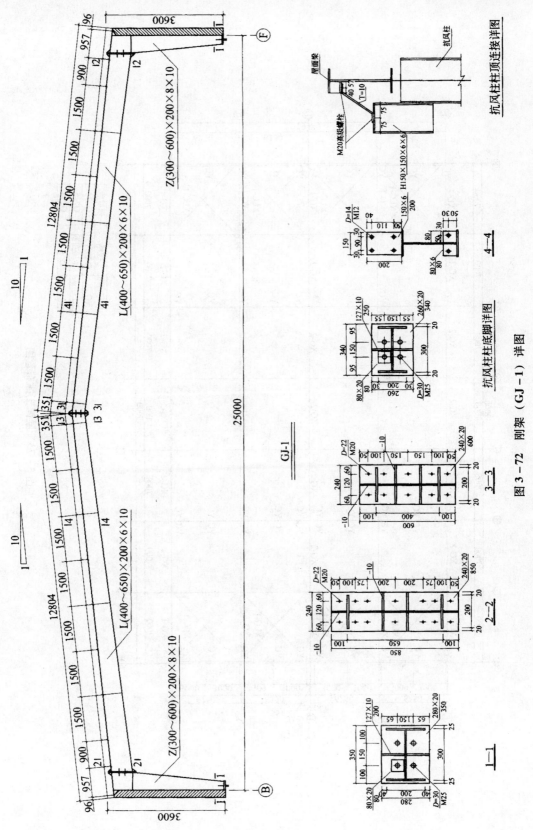

图 3-72　刚架（GJ-1）详图

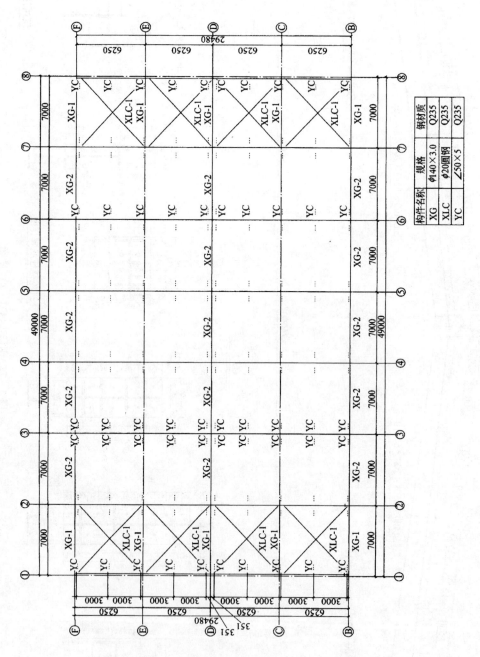

图 3-73 屋面支撑布置图

构件名称	规格	钢材质
XG	φ140×3.0	Q235
XLC	φ20圆钢	Q235
YC	∠50×5	Q235

设孔连接。当圆钢直径大于 25mm 或腹板厚度不大于 5mm 时，应对支撑孔周围进行加强。圆钢支撑与刚架的连接宜采用带槽的专用楔形垫块，或在孔两侧焊接弧形支承板。圆钢端部应设螺纹，并宜采用花篮螺栓张紧。

4）YC 是隔撑的简称，在屋面梁上每间隔 3m 布置一道，隔撑的尺寸为∠50mm×5mm。隔撑宜采用单角钢制作，隔撑可连接在刚架构件下（内）翼缘附近的腹板上距翼缘不大于 100mm 处，也可连接在下（内）翼缘上。隔撑与刚架、檩条或墙梁应采用螺栓连接，每端通常采用单个螺栓。隔撑与刚架构件腹板的夹角不宜小于 45°。

实例72：屋面檩条布置图识读

图 3 - 74 为屋面檩条布置图，从图中可以了解以下内容：

1）WL - 1 是屋面檩条的简称，根据长度不同分为 WL - 1、WL - 2，规格均为 C200mm×60mm×2.5mm，材质为钢 Q235。

2）共有 20 道檩条，檩条之间的间距可由图 3 - 72 中得知，此图中不再标出。

实例73：屋面拉条布置图识读

图 3 - 75 为屋面拉条布置图，从图中可以了解以下内容：

1）LT 是拉条的简称，在檩条跨中布置一道，规格为 φ12mm 圆钢，材质为钢 Q235。

2）XLT 是斜拉条的简称，在屋脊和檐口处布置，规格为 φ12mm 圆钢，材质为钢 Q235。

3）GLT 是钢拉条的简称，在有斜拉条的地方布置，规格为 φ12mm 圆钢 + φ32mm 圆管，材质为钢 Q235。

实例74：柱间支撑布置图识读

图 3 - 76 为柱间支撑布置图，从图中可以了解以下内容：

1）XG（系杆）的标高为 2.850mm，规格为 φ140mm×3.0mm 的无缝钢管，材质为钢 Q235，每个柱间均设置。

2）ZC - 1 是柱间支撑的简称，规格为 φ20mm 圆钢，材质为钢 Q235。

实例75：网架螺栓球图识读

图 3 - 77 为网架螺栓球图，从图中可以了解以下内容：

1）基准孔应该是垂直纸面向里的；A2 是球的编号，BS100 代表球径是 100mm，工艺孔 M20 代表基准孔直径为 20mm。

2）为了能够更好的传递压力，与杆件相连的球面需削平。为了方便统一制作，通常一种球径都有一个相应的削平量，图中的 100mm 球径的球面均削 5mm。

3）后面的"水平角"表示此孔与球中心线在纸面上的角度，"倾角"表示此孔与纸面的夹角。

4）图中的角度理解见表 3 - 4。

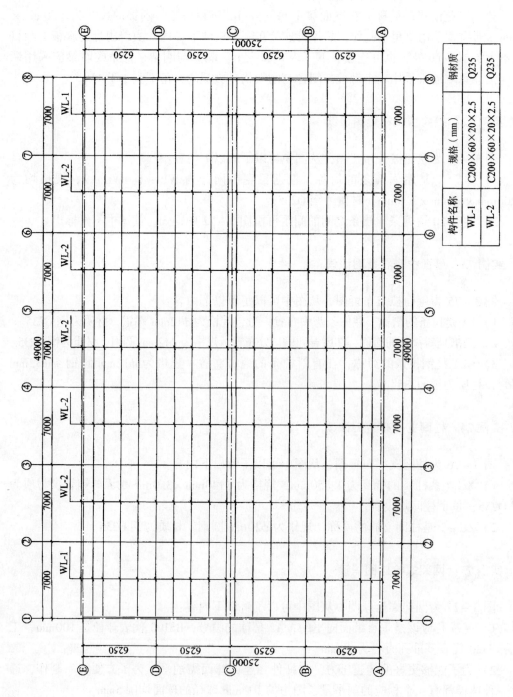

构件名称	规格（mm）	钢材质
WL-1	C200×60×20×2.5	Q235
WL-2	C200×60×20×2.5	Q235

图 3－74 屋面檩条布置图

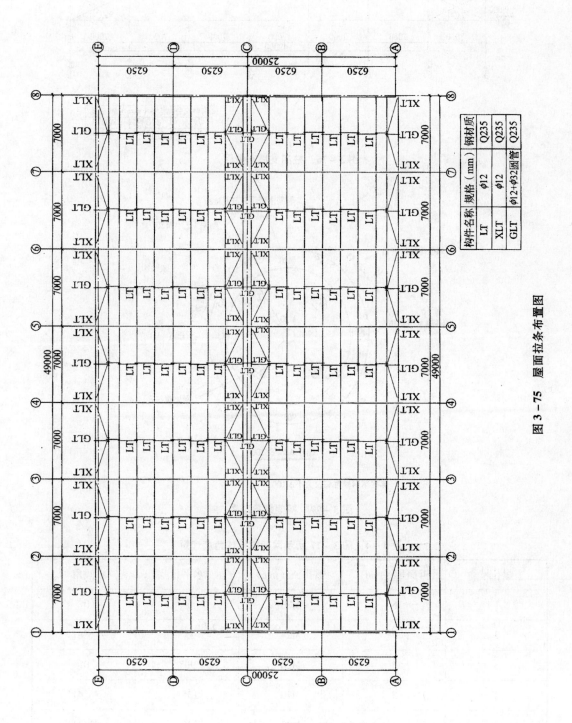

图 3 – 75　屋面拉条布置图

构件名称	规格（mm）	钢材质
LT	φ12	Q235
XLT	φ12	Q235
GLT	φ12+φ32圆管	Q235

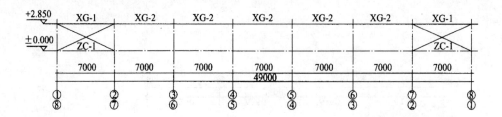

构件名称	规格（mm）	钢材质
ZC-X	φ20圆钢	Q235
XG-X	φ140×3.0	Q235

图3-76 柱间支撑布置图

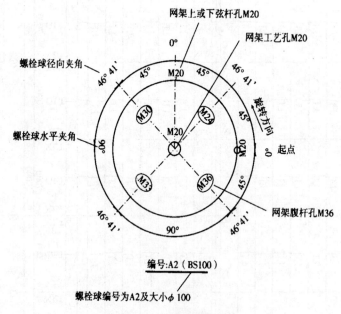

编号:A2（BS100）

螺栓球编号为A2及大小φ100

图3-77 网架螺栓球图

表3-4 图3-77所示网架螺栓球角度理解

螺孔号	劈面量（mm）	螺孔径（mm）	水平角	倾角
1	5	M20	0°	0°
2	5	M24	45°	46°41′
3	5	M20	90°	0°
4	5	M30	135°	46°41′
5	5	M33	225°	46°41′
6	5	M36	315°	46°41′

实例76：埋入式刚性柱脚详图识读

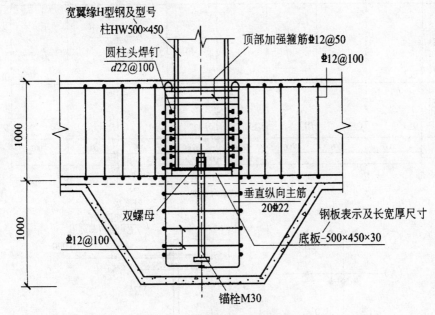

图 3-78　埋入式刚性柱脚详图

图 3-78 为埋入式刚性柱脚详图，从图中可以了解以下内容：

1）该图的钢柱为热轧宽翼缘 H 型钢（用"HW"表示），规格为 500×450（截面高为 500mm，宽度为 450mm）。

2）柱底直接埋入基础中，并在埋入部分柱翼缘上设置直径为 22mm 的圆柱头焊钉，间距为 100mm。

3）柱底板规格为 -500×450×30，即长度为 500mm，宽度为 450mm，厚度为 30mm，锚栓埋入深度为 1000mm，钢柱柱脚外围埋入部分的外围配置 20 根竖向二级钢筋，直径为 22mm。箍筋也为二级钢筋，直径为 12mm，间距为 100mm。

实例77：钢结构厂房锚栓平面布置图识读

图 3-79 为钢结构厂房锚栓平面布置图，从图中可以了解以下内容：

1）由图（a）可知：

①该建筑物共有 22 个柱脚，包括 DJ-1 和 DJ-2 两种柱脚形式。

②锚栓纵向间距两端为 7m，中间为 6m，横向间距两端为 5m，中间为 8m。

2）由图（b）可知：

①该建筑物Ⓐ、Ⓓ轴线柱脚下有 6 个柱脚锚栓，锚栓横向间距为 120mm，纵向间距为 450mm；Ⓑ、Ⓒ轴线柱脚下有 2 个柱脚锚栓，纵向间距为 150mm。

②由 DJ-1 详图可知，DJ-1 锚栓群在纵向轴线上居中，在横向轴线偏离锚栓群中心 149mm。

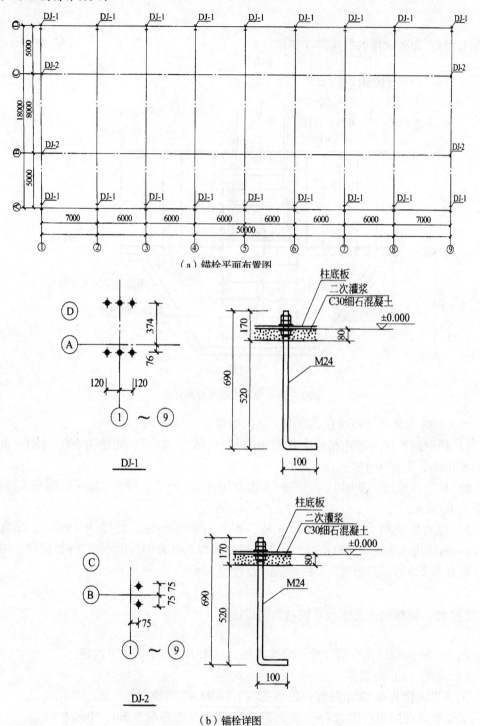

（a）锚栓平面布置图

（b）锚栓详图

图3-79 钢结构厂房锚栓平面布置图

③由 DJ-2 详图可知，DJ-2 锚栓群在纵向轴线上偏离锚栓群中心75mm，在横向轴线上的位置居中。

④所采用的锚栓直径均为24mm，长度均为690mm，锚栓下部弯折90°，长度为100mm，共需此种锚栓116根。

⑤DJ–1和DJ–2锚栓锚固长度均是从二次浇灌层底面以下520mm，柱脚底板的标高为±0.000。

⑥柱与基础的连接采用柱底板下一个螺母、柱底板上两个螺母的固定方式。

实例78：钢梁与混凝土墙的连接详图识读

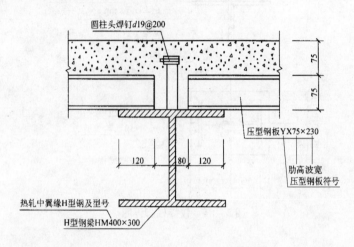

图3–80　钢梁与混凝土板连接详图

图3–80为钢梁与混凝土板连接详图，从图中可以了解以下内容：

1）钢梁为热轧中翼缘H型钢（用"HM"表示），规格为400×300（截面高为400mm，宽度为300mm）。

2）钢梁上翼缘中心线位置设有圆柱头焊钉，焊钉直径为19mm，间距为200mm。

3）钢梁上翼缘两侧放置压型钢板（用"YX"表示）作为现浇混凝土（净高为75mm）的模板。压型钢板的规格为75×230（肋高为75mm，波宽为230mm），压型板与钢梁上翼缘搭接宽度为120mm。

实例79：铰接柱脚详图识读

图3–81为铰接柱脚详图，从图中可以了解以下内容：

1）该图的钢柱为热轧中翼缘H型钢（用"HM"表示），规格为400×300（截面高为400mm，宽度为300mm），关于型钢的截面特性可查阅《热轧H型钢和部分T型钢》GB/T 11263—2010。

2）钢柱底板规格为–500×400×26，即长度为500mm，宽度为400mm，厚度为26mm。基础与底板采用2根直径为30mm的锚栓进行连接，锚栓的间距为200mm。

3）安装螺栓与底板间需加10mm厚垫片。

4）柱与底板要求四面围焊连接，焊脚高度为8mm的角焊缝。

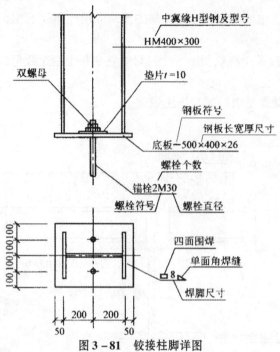

图 3 - 81 铰接柱脚详图

实例80：某柱脚的节点大样图及透视图识读

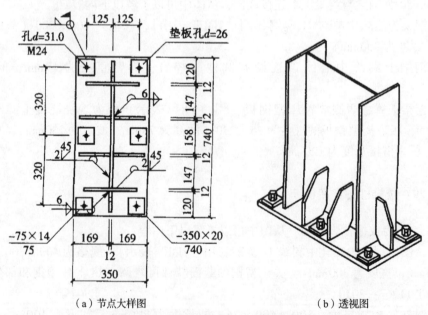

（a）节点大样图　　　　　（b）透视图

图 3 - 82 某柱脚的节点大样图及透视图

图 3 - 82为某柱脚的节点大样图及透视图，从图中可以了解以下内容：

1）该节点共有六个螺栓，螺栓直径是24mm，每个螺栓下都有一块方形垫板，垫板上开有直径为26mm的螺栓孔。由此可知，该螺栓为C级螺栓，在柱脚底板上开有直径为31mm的螺栓孔，主要为了施工方便。

2）节点大样图中的焊缝共有三种类型。柱脚的加劲板与柱子的连接均采用的是双面角焊缝，焊脚尺寸为 6mm；柱子的翼缘和腹板和柱脚底板的连接都是直边 V 形焊缝，V 形张开角度为 45°；螺栓垫板和柱脚底板的连接采用现场单面围合角焊缝。

实例81：角钢支撑节点详图识读

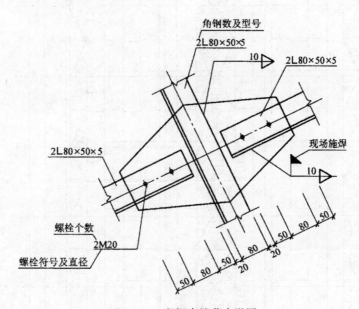

图 3-83　角钢支撑节点详图

图 3-83 为角钢支撑节点详图，从图中可以了解以下内容：

1）支撑构件采用双角钢（用"2 L"表示），规格为 80×50×5（长肢宽为 80mm，短肢宽为 50mm，肢厚为 5mm），采用角焊缝和普通螺栓相结合的连接方式。

2）通长角钢满焊在连接板上，符号"⌐10▷"表示指示处为双面角焊缝，焊缝焊角尺寸为 10mm。

3）分断角钢与连接板采用螺栓和角焊缝的连接方式。分断角钢与连接板连接的一端采用 2 个直径为 20mm 的普通螺栓连接，栓距为 80mm；符号"⌐10▷"表示指示处角焊缝为现场施焊，焊缝焊角尺寸为 10mm，焊缝长度为 180mm。

实例82：檩条布置图识读

图 3-84 为屋面檩条布置图，图 3-85 为墙面檩条布置图，图 3-86 为山墙檩条布置图，图 3-87 为墙檩与刚柱的连接详图，图 3-88 为拉条与檩条的连接详图，图 3-89 为隔撑做法详图，从图中可以了解以下内容：

1）檩条采用 LT-X（X 为编号）表示，直拉条与斜拉条都采用 AT-X（X 为编号）表示，隔撑采用 YC-X（X 为编号）表示。

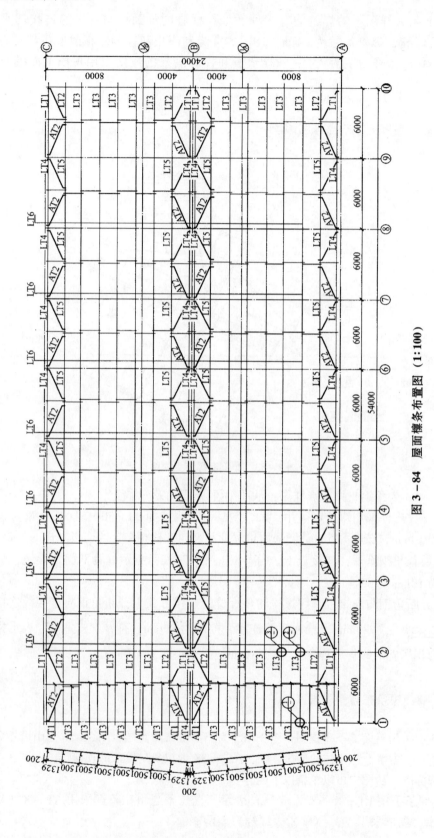

图 3 – 84　屋面檩条布置图（1:100）

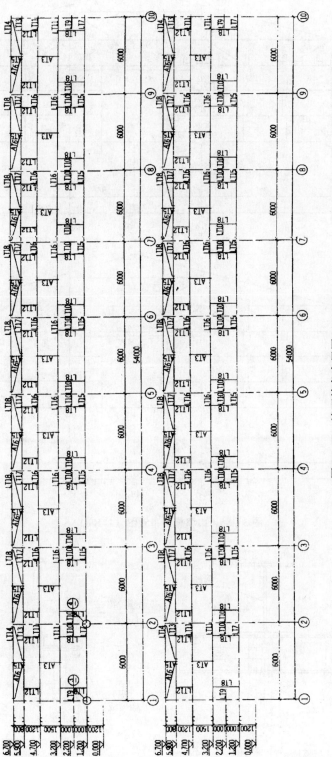

图 3 - 85　墙面檩条布置图（1:100）

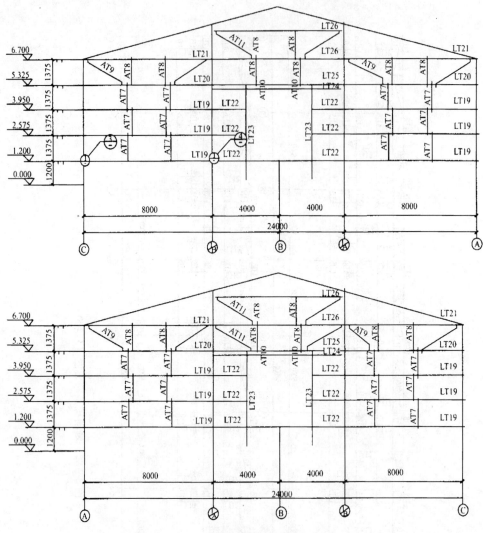

图 3-86 山墙檩条布置图 (1:100)

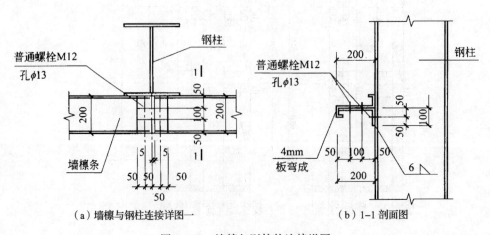

（a）墙檩与钢柱连接详图一　　　　　（b）1-1 剖面图

图 3-87 墙檩与刚柱的连接详图

2）从图 3 – 87 中可以了解墙檩与刚柱的连接做法，此图中反映的檩条为 Z 型檩条，首先在刚柱上用两颗直径为 12mm 的普通螺栓和 6mm 的角焊缝固定一檩托板，然后再将檩条用 4 颗直径为 12mm 的普通螺栓固定在檩托板上。另外，图中还详细注明了螺栓的数量和间距尺寸。

3）从图 3 – 88 中可以知道拉条全部采用直径为 10mm 的圆钢，拉条安装在距檩条上翼缘 60mm 处，在靠近檐口处的两道相邻檩条之间还设置了斜拉条和刚性撑杆，刚性撑杆是在直径为 10mm 的圆钢外套直径 30mm 厚 2mm 的钢套管，同一檩条上两直拉条的间距是 80mm。

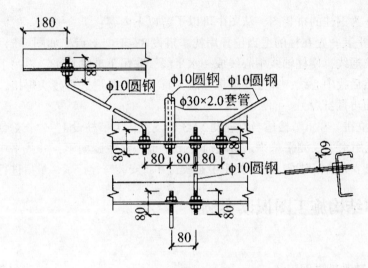

图 3 – 88　拉条与檩条的连接详图

4）从图 3 – 89 中可以知道屋面隔撑的做法。在刚架梁下翼缘处，在梁腹板两侧各焊 100mm × 100mm × 8mm 的两块小钢板，用来连接隔撑和刚架梁，隔撑的另外一侧则是和刚架上的檩条连接。

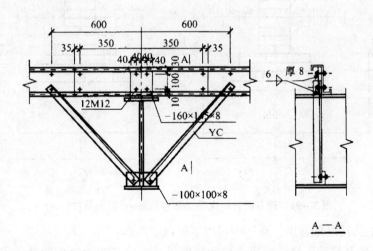

图 3 – 89　隔撑做法详图

📎 **实例83：钢柱拼装施工图识读**

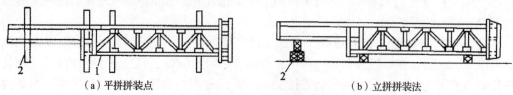

（a）平拼拼装点　　　　　　　　（b）立拼拼装法

图3-90　钢柱的拼装

1—拼接点；2—枕木

图3-90为钢柱的拼装图，从图中可以了解以下内容：

1）钢柱平装。先在柱的适当位置用枕木搭设3~4个支点，如图（a）所示。各支承点高度应拉通线，使柱轴线中心线成一水平线，先吊下节柱找平，再吊上节柱，使两端头对准，然后找中心线，并把安装螺栓或夹具上紧，最后进行接头焊接，采取对称施焊，焊完一面再翻身焊另一面。

2）钢柱立拼。在下节柱适当位置设2~3个支点，上节柱设1~2个支点，如图（b）所示，各支点用水平仪测平垫平。拼装时先吊下节，使牛腿向下，并找平中心，再吊上节，使两节的节头端相对准，然后找正中心线，并将安装螺栓拧紧，最后进行接头焊接。

3.3　砌体结构施工图识读实例

📎 **实例84：砖基础详图识读**

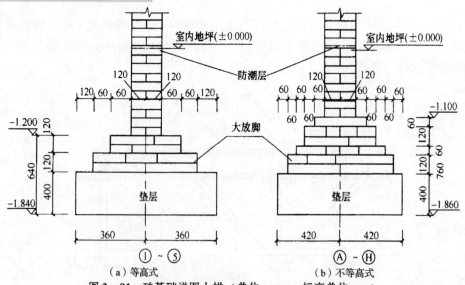

（a）等高式　　　　　　　　（b）不等高式

图3-91　砖基础详图大样（单位：mm；标高单位：m）

图3-91为砖基础详图，从图中可以了解以下内容：

1）普通砖基础采用烧结普通砖与砂浆砌成，由墙基和大放脚两部分组成，其中墙基（即±0.000以下的砌体）与墙身同厚，大放脚即墙基下面的扩大部分，按其构造不同，分为等高式和不等高式两种，如图所示。

2）等高式大放样是每两皮一收，每收一次两边各收进 1/4 砖长（即 60mm）；不等高式大放脚是两皮一收与一皮一收相间隔，每收一次两边各收进 1/4 砖长。

3）大放脚的底宽应根据设计而定。大放脚各皮的宽度应为半砖长（即 120mm）的整倍数（包括灰缝宽度在内）。在大放脚下面应做砖基础的垫层，垫层一般采用灰土、碎砖三合土或混凝土等材料。

4）在墙基上部（室内地面以下 1～2 层砖处）应设置防潮层，防潮层一般采用 1:2.5（质量比）的水泥砂浆加入适量的防水剂铺浆而成，主要按设计要求而定，其厚度一般为 20mm。

5）从图中可以看到，砖基础详图中有其相应的图名、构造、尺寸、材料、标高、防潮层、轴线及其编号，当遇见详图中只有轴线而没有编号时，表示该详图对于几个轴线而言均为适合；当其编号为Ⓐ～Ⓗ表明该详图在Ⓐ～Ⓗ轴之间各轴上均有该详图。

实例 85：黏土砖规格识读

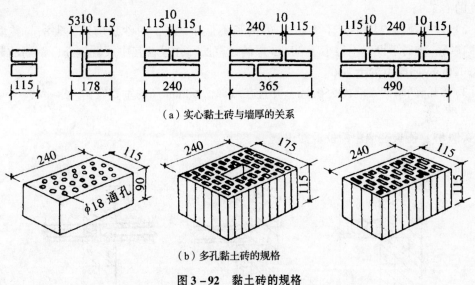

（a）实心黏土砖与墙厚的关系

（b）多孔黏土砖的规格

图 3–92　黏土砖的规格

图 3–92 为黏土砖的规格，从图中可以了解以下内容：

1）实心黏土砖墙的厚度是按照半砖的倍数确定的。如半砖墙、3/4 砖墙、一砖墙、一砖半墙、两砖墙等，相应的构造尺寸为 115mm、178mm、240mm、365mm、490mm，习惯上用它们的标志尺寸来称呼，如 12 墙、18 墙、24 墙、37 墙、49 墙等，墙厚与砖规格的关系如图（a）所示。

2）多孔黏土砖的规格有 240mm×115mm×90mm、240mm×175mm×115mm、240mm×115mm×115mm，孔洞形式有圆形和长方形通孔等形式，如图（b）所示。多孔黏土砖墙的厚度是按照 50mm（1/2M）进级，即 90mm、140mm、190mm、240mm、290mm、340mm、390mm 等。

实例86：钢筋砖过梁图识读

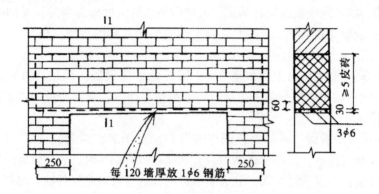

图3-93　钢筋砖过梁

图3-93为钢筋砖过梁，从图中可以了解以下内容：

1）钢筋砖过梁的高度应当经过计算确定，通常不少于5皮砖，并且不得少于洞口跨度的1/5。

2）过梁范围内用不低于MU7.5的砖和不低于M2.5的砂浆砌筑，砌法与砖墙一样，在第一皮砖下设置不得小于30mm厚的砂浆层，并且在其中放置钢筋，钢筋的数量为每120mm墙厚不少于1φ6。

3）钢筋两端伸入墙内250mm，并且在端部做60mm高的垂直弯钩。

实例87：圈梁在墙中的位置图识读

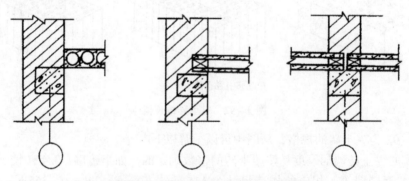

（a）圈梁位于屋（楼）盖结构层下面——板底圈梁

图3-94为圈梁在墙中的位置，从图中可以了解以下内容：

1）圈梁一般位于屋（楼）盖结构层的下面，如图（a）所示。

2）对空间较大的房间和地震烈度8度以上地区的建筑，必须把外墙圈梁外侧加高，以免楼板水平位移，如图（b）所示。

3）当门窗过梁与屋盖、楼盖靠近时，圈梁可以通过洞口顶部，兼作过梁。

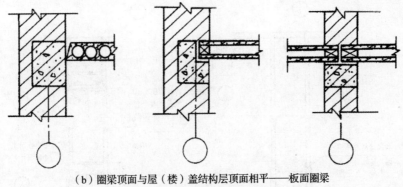

（b）圈梁顶面与屋（楼）盖结构层顶面相平——板面圈梁

图 3-94 圈梁在墙中的位置

实例 88：加气混凝土隔墙结构图识读

图 3-95 为加气混凝土隔墙，从图中可以了解以下内容：

1）加气混凝土砌块隔墙的底部宜砌筑 2~3 皮普通砖，以利于踢脚砂浆的粘结，砌筑加气混凝土砌块时应当采用 1:3 水泥砂浆砌筑，为了保证加气混凝土砌块隔墙的稳定性，沿墙高每隔 900~1000mm 设置 2φ6 的配筋带，门窗洞口上方也要设 2φ6 的钢筋。

2）墙面抹灰可以直接抹在砌块上，为了防止灰皮脱落，可先采用细铁丝网钉在砌块墙上再作抹灰。

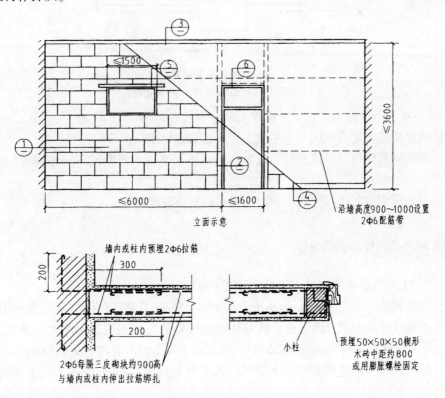

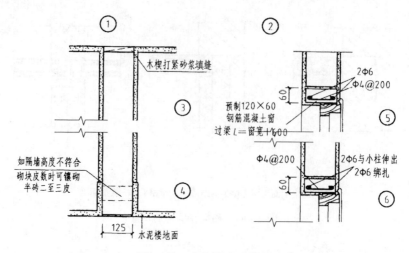

图 3－95　加气混凝土隔墙

实例89：附加圈梁图识读

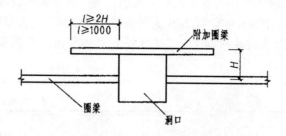

图 3－96　附加圈梁

l—附加圈梁与圈梁搭接长度；*H*—垂直间距

图 3－96 为附加圈梁，从图中可以了解以下内容：

1）圈梁应连续地设在同一水平面上，并且形成封闭状。

2）当圈梁被门窗洞口截断时，应当在洞口上部增设一道断面不小于圈梁的附加圈梁。

3）附加圈梁的断面与配筋不应小于圈梁的断面与配筋。

实例90：构造柱结构图识读

图 3－97 为构造柱结构图，从图中可以了解以下内容：

1）纵向钢筋宜采用 $4\phi12$，箍筋不少于 $\phi6@250\text{mm}$，并且在柱的上下端适当加密。

2）构造柱应当先砌墙后浇柱，墙与柱的连接处宜留出五进五出的大马牙槎，进出 60mm，并且沿墙高每隔 500mm 设 $2\phi6$ 的拉结钢筋，每边伸入墙内不少于 1000mm 为宜。

3）构造柱可不单独做基础，下端可伸入室外地面下 500mm 或锚入浅于 500mm 的地圈梁内。

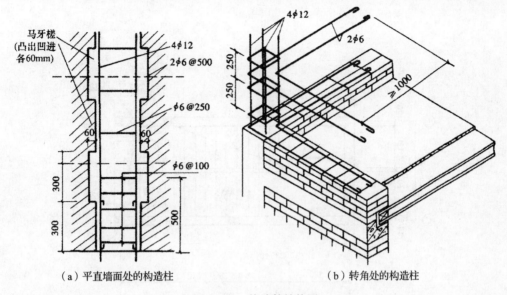

（a）平直墙面处的构造柱   （b）转角处的构造柱

图 3 − 97 构造柱结构图

实例 91：板式楼梯详图识读

图 3 − 98 为板式楼梯详图，从图中可以了解以下内容：

1）如图 3 − 98 所示，表示某砌体结构工程中的一部楼梯，名为楼梯甲，该建筑物只有三层。

2）从图中可见，该梯位于建筑平面中ⓒ ~ ⓓ和④ ~ ⑤轴之间，楼梯的开间尺寸为 2600mm，进深为 6000mm，梯段板编号为 TB1、TB2 两种；平台梁有三种，它们的代号分别为 TL1、TL2 和 TL3 三种，平台梁支于梯间的构造柱上，它们的代号为 TZ1 和 TZ2 两种；两梯段板之间的间距为 100mm，因此每个梯段板的净宽为 1130mm；平台板宽度为 1400mm 减去半墙厚度，即为 1280mm；平台板四周均有支座；配筋分别为短向上层为 $\phi 8@150$，下层 $\phi 6@150$；长向上层只有支座负筋，即配 $\phi 8@200$，下层为 $\phi 6@180$；板厚归入一般板型的厚度由设计总说明表述，即为 90mm；标高同梯段两端的对应标高。

3）平台梁的长度为 "2600 + 2 × 120 = 2840（mm）"，它们配筋及断面形状和尺寸见 TL1、TL2 和 TL3 的断面图所示，即 TL1 为矩形断面，尺寸为 200mm × 300mm，顶筋为 2 Φ 16，底筋为 2 Φ 18，箍筋为 $\phi 6@200$，其余平台梁仿此而读。

4）楼梯中的构造柱的断面形状及配筋情况详见 TZ1 和 TZ2 断面图，即 TZ1 的断面尺寸为 200mm × 240mm，其中 "240mm" 对的边长即为梯间墙体的厚度，该柱纵向钢筋为 4 Φ 14，箍筋为 $\phi 6@200$，TZ1 仿此而读。

5）梯段板 TB1 两端支于平台梁上，共 12 级踏步，踢面高度 166.7mm，踏面宽度 280mm，水平踏面 11 个，该板板厚为 110mm，底部受力筋为 $\phi 10@100$；两端支座配筋均为 $\phi 10@100$，其长度的水平投影长为 800mm；板中分布筋为 $\phi 6@250$，TB2 仿此而读。

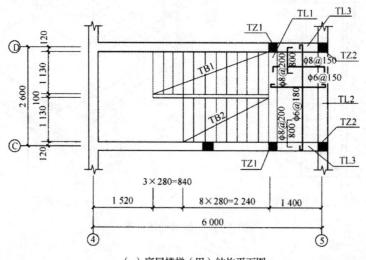

（a）底层楼梯（甲）结构平面图

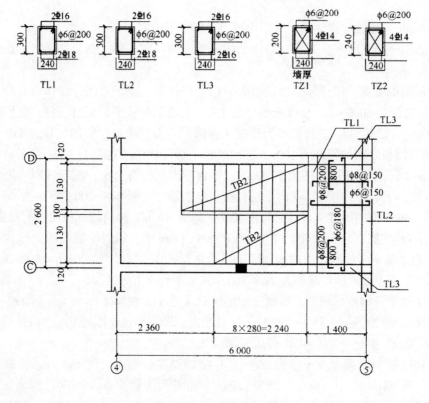

（b）二层楼梯（甲）结构平面图

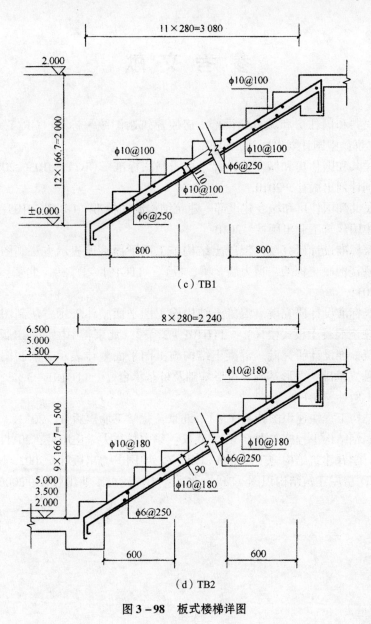

（c）TB1

（d）TB2

图 3-98 板式楼梯详图

参 考 文 献

［1］中华人民共和国住房和城乡建设部. 房屋建筑制图统一标准 GB/T 50001—2010 ［S］. 北京：中国计划出版社，2010.

［2］中华人民共和国住房和城乡建设部. 总图制图标准 GB/T 50103—2010 ［S］. 北京：中国计划出版社，2010.

［3］中华人民共和国住房和城乡建设部. 建筑结构制图标准 GB/T 50105—2010 ［S］. 北京：中国建筑工业出版社，2010.

［4］中国建筑标准设计研究院. 混凝土结构施工图平面整体表示方法制图规则和构造详图（现浇混凝土框架、剪力墙、梁、板） 11G101 -1 ［S］. 北京：中国计划出版社，2011.

［5］中国建筑标准设计研究院. 混凝土结构施工图平面整体表示方法制图规则和构造详图（现浇混凝土板式楼梯） 11G101 -2 ［S］. 北京：中国计划出版社，2011.

［6］中国建筑标准设计研究院. 混凝土结构施工图平面整体表示方法制图规则和构造详图（独立基础、条形基础、筏形基础及桩基承台） 11G101 -3 ［S］. 北京：中国计划出版社，2011.

［7］刘镇. 结构工程快速识图技巧 ［M］. 北京：化学工业出版社，2012.

［8］巴晓曼. 钢结构工程施工图 ［M］. 武汉：华中科技大学出版社，2011.

［9］乐嘉龙. 学看建筑结构施工图 ［M］. 北京：中国电力出版社，2002.

［10］王子茹. 房屋建筑结构识图 ［M］. 北京：中国建材工业出版社，2000.